互换性与测量技术

主　编　周养萍
副主编　宋育红　张爱琴
参　编　蔡　菲　崔彦斌　马海峰
主　审　南黄河

北京理工大学出版社
BEIJING INSTITUTE OF TECHNOLOGY PRESS

内 容 简 介

本书以机械制造岗位能力需求为根本，以常见典型零件作为知识载体，按企业质量检测流程工艺文件编写工作手册式教材。本书主要内容包括学习向导、传动轴公差配合分析与检测、曲轴公差配合分析与检测、阀盖公差配合分析与检测、渐开线圆柱齿轮零件公差配合分析与检测、综合扩展项目。

本书采用最新的国家标准，将新国标的规定及其应用融入企业实际案例各项目中，教材编写团队邀请了企业工程技术人员参与，完成企业实际案例的转化，积极推动工学结合，强化教材的工程应用性，切实实现理论教学与实际应用相结合。

本书为工业和信息化部"十四五"规划教材，可作为高等院校、高职高专院校、成人高校、电视大学、函授大学等机械类各专业的教学用书，也可供其他相关专业以及有关工程技术人员参考。

图书在版编目（ＣＩＰ）数据

互换性与测量技术／周养萍主编. －－北京：北京理工大学出版社，2022.5

ISBN 978-7-5763-1329-1

Ⅰ．①互…　Ⅱ．①周…　Ⅲ．①零部件-互换性-教材 ②零部件-测量技术-教材　Ⅳ．①TG801

中国版本图书馆 CIP 数据核字（2022）第 083074 号

出版发行／北京理工大学出版社有限责任公司

社　　　址／北京市海淀区中关村南大街 5 号

邮　　　编／100081

电　　　话／（010）68914775（总编室）
　　　　　　（010）82562903（教材售后服务热线）
　　　　　　（010）68944723（其他图书服务热线）

网　　　址／http：//www.bitpress.com.cn

经　　　销／全国各地新华书店

印　　　刷／唐山富达印务有限公司

开　　　本／787 毫米×1092 毫米　1/16

印　　　张／12.75　　　　　　　　　　　　责任编辑／多海鹏

字　　　数／300 千字　　　　　　　　　　　文案编辑／多海鹏

版　　　次／2022 年 5 月第 1 版　2022 年 5 月第 1 次印刷　　责任校对／周瑞红

定　　　价／69.00 元　　　　　　　　　　　责任印制／李志强

前　言

"互换性与测量技术"是机械类各专业的重要技术基础课，包含几何量公差标准与误差测量两大方面的内容，是机械设计、机械制造、质量控制的基础和依据，是机械工程人员和管理人员必备的基本知识和技能。本书注重培养学生机械零件加工质量检测与评价能力，组织教材内容时融合中级机械加工质量检验员工对机械零件加工质量检测与评价知识和能力的要求，把知识技能培养与素质教育融为一体。

本书遵循职业教育教学规律和人才成长规律，以真实生产项目为载体，采用最新的国家标准，将新国标的规定及其应用融入企业实际案例各项目中，教材编写团队邀请了企业工程技术人员参与，完成企业实际案例的转化，积极推动工学结合，强化教材的工程应用性，切实实现理论教学与实际应用相结合。本书将知识、能力和正确价值观的培养有机结合，通过各个项目的每课寄语落实课程思政要求，弘扬劳动光荣、技能宝贵、时代风尚等正确的价值导向。

本书实现数字化资源与纸质教材的深度融合，将相关资源二维码植入传统纸质教材，构建了网络化的教学资源，将教学资源用作课堂教学的补充，形成可听、可视、可练、可互动的数字化教材。

近年来，由于各个学校对"互换性与测量技术"课程教学内容的改革情况有所不同，本书为扩大适用面，按50学时编写，各学校在使用中可根据具体情况进行取舍。

本书以机械制造岗位能力需求为根本，以常见典型零件作为知识载体，按企业质量检测流程工艺文件编写工作手册式教材。本书主要内容包括学习向导、传动轴公差配合分析与检测、曲轴公差配合分析与检测、阀盖公差配合分析与检测、渐开线圆柱齿轮零件公差配合分析与检测、综合扩展项目。

本书由西安航空职业技术学院周养萍担任主编。参与编写的有西安航空职业技术学院周养萍（项目一、项目五）、西安航空职业技术学院宋育红（项目三）、西安航空职业技术学院张爱琴（项目二）、西安航空职业技术学院蔡菲（项目四）、西安航空职业技术学院崔彦斌（项目六），西安燎原通用航空有限责任公司高级工程师马海峰完成了企业实际案例的转化。全书由周养萍负责统稿。本书由陕西铁路工程职业技术学院南黄河副教授担任主审。

本书在编写过程中参考了兄弟院校老师编写的有关教材及相关资料，并得到了北京理工大学出版社等相关领导及编辑的大力支持和帮助，在此表示衷心的感谢！

由于编者水平有限，加上编写时间仓促，书中难免有不足之处，恳请专家、同行及广大读者批评指正。

作　者

目　　录

学习向导

互换性与测量
技术概述

1. 掌握互换性的含义及种类；
2. 理解加工误差与公差标准化。

1. 互换性的基本概念；
2. 几何参数误差与公差；
3. 公差标准化。

1.1 本课程的研究对象与任务

本课程是机械类各专业的一门重要技术基础课，是联系设计课程与工艺课程的纽带，是从基础课学习过渡到专业课学习的桥梁，也为学生毕业后的实践工作奠定了基础。

本课程是从加工的角度研究误差，从设计的科学性去探讨公差。众所周知，科学技术越发达，对机械产品的精度要求越高，对互换性的要求也越高，机械加工就越困难。因此就必须处理好产品的使用要求与制造工艺之间的矛盾，处理好公差选择的合理性与加工出现误差的必然性之间的矛盾。随着我国机械制造业的快速发展，本课程的重要性也越来越突出。

学习本课程的任务如下：

（1）建立几何参数互换性、公差标准化的基本概念。

（2）掌握本课程所介绍的各种公差标准的基本内容及其特点。

（3）根据产品的功能要求，学会初步选用公差与配合；能正确理解、标注常用的公差配合要求，并能查用有关表格。

（4）会正确选择和使用生产现场的常用量具和仪器，能对一般几何量进行综合检测。

（5）了解各种典型零件的互换性及其检测方法。

本课程除课堂教学所讲授的检测知识外，为了强化学生的检测技能，建议可考虑安排公差测量实训周，以培养学生的综合检测能力。

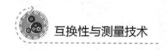

1.2　互换性与标准化

1.2.1　互换性

1. 互换性的基本概念

互换性是指同一规格的零件或部件，不需要做任何挑选和附加加工，就可以装配到所需的部位，并能满足使用性能要求。

例如：规格相同的任何一个灯头和灯管，无论它们出自哪个企业，只要产品合格，都可以相互装配，电路开关合上，灯管一定会发光。同理，自行车、电视机、汽车等零部件如果损坏，也可以快速换一个同样规格的新零部件，并且在更换之后，自行车可以继续骑行、电视机可以正常观看、汽车可以正常行驶。日常生活之所以这样方便，是因为日常用品、家用电器、交通工具等产品的零部件都具有互换性。

现代机器的生产应该是互换性生产，它符合现代化大工业的发展条件。以电视机和汽车的生产为例，它们各自都有成千上万个零件，这些零件由几十家企业生产制造，而总装厂仅生产部分零部件，在自动生产线上将各企业的合格零件装配成部件，再由部件总装成符合国家标准的电视机或汽车，从而使年产量几十万台甚至几百万台成为可能。而这种现代化大工业的生产使产品质量更高，产品的价格更为低廉。消费者在现代化进程中得到了实惠，互换性的生产和维修给社会各个层面带来了极大的方便，推动了社会的发展。

2. 互换性的作用

（1）使用过程

由于零件具有互换性，因而在它磨损到极限或损坏后，可以很方便地用备件来替换，在使用过程中，可以缩短维修时间和节约费用，提高维修质量，延长产品的使用寿命，从而提高机器的使用价值。

（2）生产制造

按照互换性原则组织加工，实现专业化协调生产，可以提高企业的生产率，保证产品的质量，降低制造成本。

（3）装配过程

因为零部件具有互换性，故可以提高装配质量，缩短装配时间，便于实现现代化大工业的自动化，提高装配效率。

（4）产品设计

由于标准零部件是采用互换性原则设计和生产的，因而可以缩短新产品的设计周期，加速产品的更新换代，及时满足市场用户的需要。

综上所述，在机械制造中，遵循互换性原则不仅能保证又多又快的生产，而且能保证产品质量和降低生产成本。所以，互换性是在机械制造中贯彻"多快好省"方针的技术措施。

3. 互换性的分类

按照零部件互换程度的不同，互换性可以分为完全互换和不完全互换。

（1）完全互换

零部件在装配或更换时，不需要辅助加工与修配，也不需要选择。具有完全互换性的标准件有螺钉、螺母和滚动轴承等。

（2）不完全互换

有些机器的零件精度要求很高，按完全互换法加工困难，生产成本高，此时可将零件的尺寸公差放大，按放大的公差加工零件。装配前先进行测量，然后分组进行装配，以保证使用要求。不完全互换法只限于部件制造企业内（如滚动轴承制造企业）装配时采用，而这种部件与外部相连的几何参数（如滚动轴承的内、外径）仍需采用完全互换原则。

1.2.2 几何参数误差与公差

零件在机械加工时，由于"机床—工具—辅具"所组成的工艺系统的误差、刀具的磨损、机床的振动等因素的影响，使得零件在加工后总会产生一些误差。加工误差就几何量来讲，可分为尺寸误差、几何形状误差、相互位置误差和表面粗糙度。

（1）尺寸误差

尺寸误差是指零件在加工后实际尺寸与理想尺寸之间的差值。零件的尺寸要求如图 1-1（a）所示，但经过加工，它的实际尺寸 d_{a1}、d_{a2}、d_{a3}、d_{a4}、d_{a5} 各有不同，有的在极限尺寸范围内，个别的则超出了极限尺寸，即为尺寸误差。

（2）几何形状误差

几何形状误差是指由于机床、刀具的几何形状误差及其相对运动的不协调，使零件表面在加工中产生的误差。如图 1-1（b）所示，光滑圆柱的表面产生了素线的不直（d_{a1}、d_{a2}、d_{a3} 的直径尺寸大小不一），即为直线度误差；又如光滑圆柱横截面理论上都是理想的几何圆，而加工后实际形状变成一个误差圆，如图 1-1（c）所示（d_{a4}、d_{a5} 的横剖面尺寸不同），即出现了圆度误差。以上均为几何形状误差。

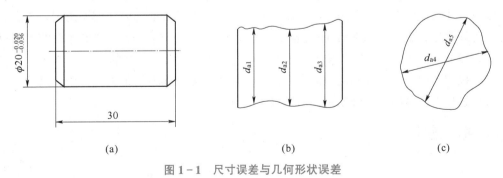

（a）　　　　　　　　　　（b）　　　　　　　　　　（c）

图 1-1　尺寸误差与几何形状误差

（3）相互位置误差

相互位置误差是指机械加工后零件几何要素的实际位置与理想位置的偏离。如图 1-2

所示，在车削台阶轴时，由于其结构的特点，故需要先加工大直径一端，然后再掉头车削小直径一端。这样加工后该零件会产生台阶轴的轴线错位，从而出现同轴度误差。

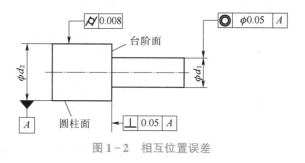

图 1-2　相互位置误差

（4）表面粗糙度（微观的几何形状误差）

表面粗糙度，即机械加工后刀具在零件表面留下的加工痕迹，即使经过精细加工，目视很光亮的表面经过放大观察，也可很清楚地看到零件表面的凸峰和凹谷，使零件表面粗糙不平，如图 1-3 所示。

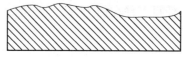

图 1-3　表面粗糙度

由于任何零件都要经过加工的过程，无论设备的精度和操作工人的技术水平多么高，要使加工零件的尺寸、形状、位置和表面质量做得绝对理想，是不可能的，也是没有必要的。只要将零件加工后各几何参数（尺寸、形状、位置和表面粗糙度）所产生的误差控制在一定的范围内，就可以保证零件的使用功能，同时这样的零件也具有了互换性。零件几何参数的这种允许的变动量称为公差，它包括尺寸公差、形状公差、位置公差和表面粗糙度。

图 1-4 表示了输出轴的尺寸公差、形状公差、位置公差和表面粗糙度要求，在加工过程中各要素不能超出所规定的极限值，否则，该零件为不合格产品。例如：$B-B$ 剖面，键槽宽度的尺寸只能为 15.957~16 mm，对称度要控制在 0.02 mm 之内，键槽两侧面的表面粗糙度不允许超过 3.2 μm，键槽底面的表面粗糙度不允许超过 6.3 μm，键槽底面的尺寸只能为 51.8~52 mm，只有这五个要求同时达到，此剖面才被认为是合格的。

在机械加工中，由于各种误差的存在，一般认为公差是误差的最大允许值，因此，误差是在加工过程中产生的，而公差则是由设计人员确定的。

1.2.3　标准化

1. 标准

公差标准在工业革命中起过非常重要的作用，随着机械制造业的不断发展，要求企业内部有统一的技术标准，以扩大互换性生产规模和控制机器备件的供应。早在 20 世纪初，英国一家生产剪羊毛机器的公司——纽瓦尔（Newall）于 1902 年颁布了全世界第一个公差与

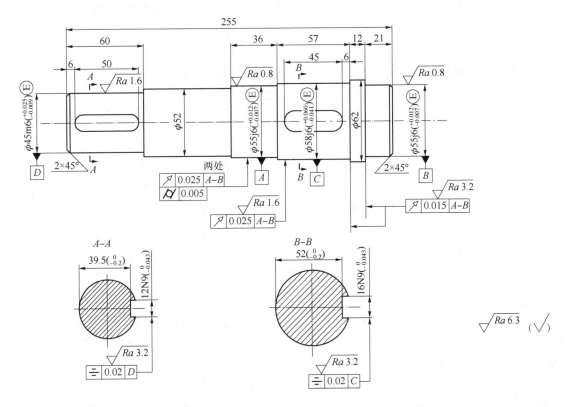

图 1-4　输出轴的尺寸、形位和表面粗糙度公差要求

配合标准（极限表），从而使生产成本大幅下降，同时，产品质量不断提高，使得该公司很快成为行业中的佼佼者。在这个过程中，极限表起到了举足轻重的作用。

2. 标准化

标准化是指制定和贯彻标准的整个过程。标准化是组织现代化大生产的重要手段，是组织专业化协作的技术基础，是科学管理的重要组成部分。标准化的本质是统一、简化和协调。

现代化生产的特点是品种多、规模大、分工细、协作多，为使社会生产有序进行，必须通过标准化使产品规格简化，使分散的、局部的生产环节相互协调和统一。机械产品几何量的公差与检测也应纳入标准化的轨道。

根据产品的使用性能要求和制造的可能性，既要加工方便又要经济合理，就必须规定几何量误差的变动范围，也就是规定合适的公差作为加工产品的依据，公差值的大小就是根据上述的基本原则进行制定和选取的。为了实现互换性，必须对公差值进行标准化，不能各行其是。标准化是实现互换性生产的重要技术措施。例如，一种机械产品的制造，往往涉及许多部门和企业，如果没有制定和执行统一的公差标准，是不可能实现互换性生产的。对零件的加工误差及其控制范围所制定的技术标准称为"极限与配合、形状与位置公差、表面粗糙度"等标准，它是实现互换性的基础。

国家及行业标准又分为强制性标准和推荐性（非强制性）标准，代号"GB"属强制性国家标准，颁布后严格强制执行；代号"GB/T""GB/Z"分别为推荐性和指导性国家标准，均为非强制性国家标准。已有国家标准或行业标准的，国家鼓励企业制定的标准严于国家标准或行业标准并在企业内部执行；没有国家标准或行业标准的，企业应制定企业标准，并报有关部门备案。

我国国家标准的代号由 GB（即"国标"两汉字汉语拼音的第一个字母）、登记顺序号、年代组成，顺序号和年代之间用短横线隔开。如 GB/T 1800.1-2020：GB——国家标准；T1800.1——经过修订的第 1800 号标准；2020——2020 年颁布执行。

3. 优先数和优先数系

产品无论是在设计、制造，还是在使用过程中，其规格、性能等都要用数值表示。如：零件尺寸、原材料尺寸、公差、承载能力、所使用的设备、刀具、测量器具的尺寸等。而产品的数值具有扩散相关性，例如：复印机的规格与复印纸的尺寸有关，复印纸的尺寸则取决于书刊、杂志的尺寸，复印机的尺寸又影响造纸机械、包装机械等的尺寸。又如：某一尺寸的螺栓会扩散关联到螺母的尺寸、制造螺栓的刀具的尺寸、检验螺栓的量具的尺寸等。由此可见，产品技术参数的数值不能任意选取，不然会造成产品规格繁杂，直接影响互换性生产、产品的质量以及产品的成本。

生产实践证明，对产品技术参数进行合理分档、分级，对各种参数进行简化、协调统一，必须按照科学、统一的数值标准，即优先数和优先数系。它是一种科学的数值制度，也是国际上统一的数值分级制度。它不仅适用于标准的制定，也适用于标准制定前的规划、设计，从而把产品的发展一开始就引入科学的标准化轨道。因此优先数和优先数系是国际上统一的一项重要的基础标准。我国现行的标准是《优先数和优先数系》（GB/T 321-2005）。

优先数系是十进等比数列，其中包含了 10 的所有整数幂，如：1，10，100，1 000，…；0.1，0.01，0.001，…。为了对这些数进行细分，按 1～10，10～100，…和 1～0.1，0.1～0.01，…划分区间，称为十进段。优先数系的代号为 R（R 是优先数系创始人 Renard 的缩写），相应的公比代号为 Rr。国标规定的 r 值有 5、10、20、40、80 五种，分别用符号 R5、R10、R20、R40、R80 表示，称为 R5 系列、R10 系列、R20 系列、R40 系列、R80 系列。各系列公比如下：

R5 系列：

$$q_5 = \sqrt[5]{10} \approx 1.6$$

R10 系列：

$$q_{10} = \sqrt[10]{10} \approx 1.25$$

R20 系列：

$$q_{20} = \sqrt[20]{10} \approx 1.12$$

R40 系列：

$$q_{40} = \sqrt[40]{10} \approx 1.06$$

R80 系列：

$$q_{80} = \sqrt[80]{10} \approx 1.03$$

R5、R10、R20、R40 四个系列是优先数系中的常用系列，称为基本系列；R80 系列称为补充系列，它的分级很细。基本系列具体数值见表 1-1。

表 1-1 优先数的基本系列（摘自 GB/T 321-2005）

R5	R10	R20	R40	R5	R10	R20	R40	R5	R10	R20	R40
1.00	1.00	1.00	1.00			2.24	2.24		5.00	5.00	5.00
			1.06				2.36				5.30
		1.12	1.12	2.50	2.50	2.50	2.50			5.60	5.60
			1.18				2.65				6.00
	1.25	1.25	1.25			2.80	2.80	6.30	6.30	6.30	6.30
			1.32				3.00				6.70
		1.40	1.40		3.15	3.15	3.15			7.10	7.10
			1.50				3.35				7.50
1.60	1.60	1.60	1.60			3.55	3.55		8.00	8.00	8.00
			1.70				3.75				8.50
		1.80	1.80	4.00	4.00	4.00	4.00			9.00	9.00
			1.90				4.25	10.00	10.00	10.00	10.00
	2.00	2.00	2.00			4.50	4.50				
			2.12				4.75				

优先数和优先数系在产品参数系列标准中得到了广泛应用，无论是机械产品、仪器仪表还是电工电子产品等，在编制其主参数系列时，大多以优先数系作为主要依据。例如显微镜物镜的放大率即采用 R5 系列：1.6×，2.5×，4×，6.3×，10×，16×，25×，40×，63×，100×。

1.2.4 检测与计量

检测与计量是实现互换性的技术保证，如果仅有与国际接轨的公差标准，而缺乏相应的技术测量措施，则实现互换性生产是不可能的。

测量中首先要统一计量单位。中华人民共和国成立前我国长度单位采用市尺；1955 年成立了国家计量局；1959 年统一了全国计量制度，正式确定采用公制（米制）作为我国长度单位基本计量制度；1977 年颁布了计量管理条例；1984 年颁布了国家法定计量单位；1985 年颁布了国家计量法。

先进的公差标准是实现互换性的基础，而必要的检测是保证互换性生产的手段。通过检测，几何参数的误差控制在规定的公差范围之内零件就合格，就能满足互换性要求；反之，零件就不合格，也就不能达到互换性的目的。检测的目的，不仅在于仲裁零件是否合格，还要根据检测的结果分析产生废品的原因，以便设法减少废品，进而消除废品。

伴随着长度基准的发展，计量器具也在不断改进。1850 年美国制成游标卡尺以后，1927 年德国制成了小型工具显微镜，从此，几何量的测量随着工业化的进程而飞速发展。

目前，我国工业的发展日新月异，计量测试仪器的制造工业也发展得越来越快，长度计量仪器的测量精度已由毫米级提高到微米级，甚至达到纳米级；测量空间已由二维空间发展

到三维空间；测量的自动化程度也越来越高，已由人工读数发展到自动定位、自动测量、计算机数据处理、自动显示并打印测量结果。

质量意识

同学们："互换性与测量技术"是一门从事机械设计和制造行业的专业基础课，直接影响个人专业能力水平的提高和发挥，作为今后从事该专业的大学生，必须明确学习目的，端正学习态度，努力学习，为自己以后成为专业的行家里手乃至大国工匠奠定坚实基础，争当优秀的智能制造高素质技术技能人才。

思考与习题 1

1-1 互换性的含义是什么？

1-2 互换性有何优点？

1-3 几何参数误差有哪几类？

1-4 几何量的公差包含哪些？

1-5 检测的目的是什么？

传动轴公差配合分析与检测

1. 掌握公差配合与零件几何量测量的基本知识；
2. 会查用有关公差与配合的国家标准；
3. 掌握常用测量仪器的使用方法与测量原理；
4. 具有对典型轴类零件进行公差配合分析检测方案设计与实施测量的能力。

主要知识点

1. 极限与配合的基本术语；
2. 极限与配合的国家标准；
3. 极限与配合的选用；
4. 通用计量器具的使用。

2.1 项目任务卡

传动轴是机械零件中常见的一种零件，用来支承传动零件、传递扭矩，具有配合传动要求的圆柱面。零件尺寸精度一般要求较高，对量具的选用及规范操作有较高要求。传动轴的公差配合分析与检测项目的实施，能够有效地培养学生测量操作技能以及质量控制意识。图 2-1 所示为传动轴零件图。

2.2 知识链接

2.2.1 极限与配合的基本术语

1. 孔和轴的定义

（1）孔

孔通常指工件的圆柱形内表面，也包括非圆柱形内表面（由两平行平面或切平面形成的包容面），表征孔的参数用大写字母来表示，如图 2-2 中的 D_1、D_2、D_3、D_4。

极限与配合基本术语

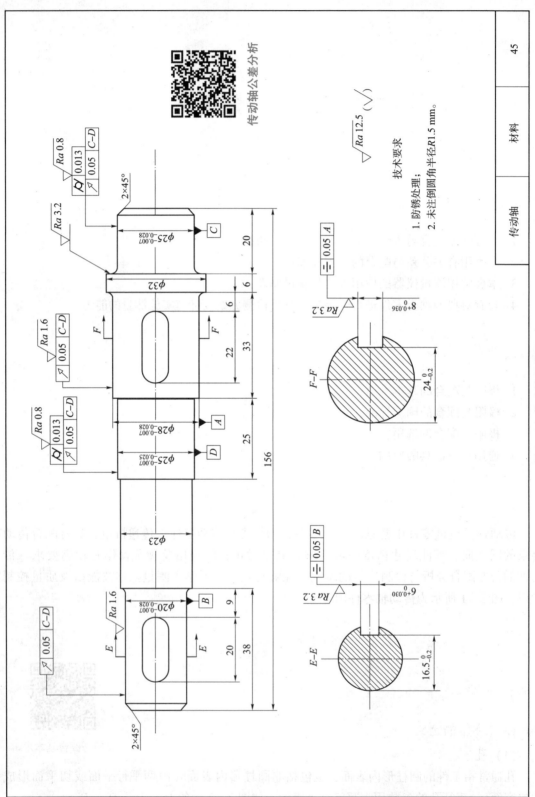

图 2 - 1 传动轴零件图

（2）轴

轴通常指工件的圆柱形外表面，也包括非圆柱形外表面（由两平行平面或切平面形成的被包容面），表征轴的参数用小写字母来表示，如图 2-2（a）中的 d_1、d_2、d_3。

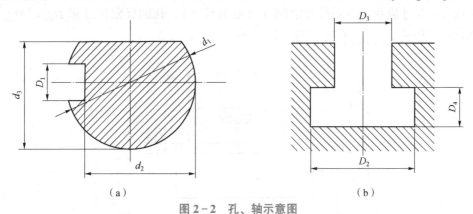

（a）　　　　　　　　　　　　　　　（b）

图 2-2　孔、轴示意图

2. 尺寸的术语和定义

（1）尺寸

尺寸是指用特定单位表示线性尺寸值的数值，也称线性尺寸。线性尺寸值包括直径、半径、长度、宽度、高度、深度、厚度及中心距等，如图 2-3 所示。它由数字和长度单位组成，技术图样上尺寸数值的特定单位为 mm，一般可以省略不写。

例如，一根轴直径为 $\phi50$ mm，则 50 为该轴的尺寸数字，mm 为长度单位。

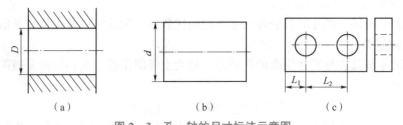

（a）　　　　　　（b）　　　　　　（c）

图 2-3　孔、轴的尺寸标注示意图

（a）孔的直径标注；（b）轴的直径标注；（c）长度的标注

（2）公称尺寸

公称尺寸是设计时给定的尺寸（孔用 D，轴用 d），是根据零件的强度和刚度计算或由机械结构等方面的考虑，并按照标准直径或标准长度圆整后所给定的尺寸。

（3）实际尺寸

实际尺寸是通过测量实际零件所得的尺寸。由于测量过程中存在测量误差，所以实际尺寸往往不是被测尺寸的真实大小，从理论上讲尺寸的真值是难以得到的，但是随着测量精度的提高，实际尺寸越来越接近真值。孔的实际尺寸用 D_a 表示，轴用 d_a 表示，如图 2-4 所示。

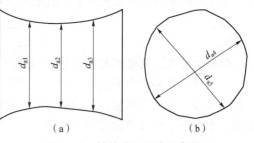

（a）　　　　　　　（b）

图 2-4　轴的实际尺寸示意图

（4）极限尺寸

极限尺寸是尺寸要素的尺寸所允许的极限值。尺寸要素允许的最大尺寸称为上极限尺寸，尺寸要素允许的最小尺寸称为下极限尺寸。极限尺寸可大于、小于或等于公称尺寸。合格零件的实际尺寸应在两极限尺寸之间（含极限尺寸）。孔的极限尺寸用 D_{max}、D_{min} 表示，轴的极限尺寸用 d_{max}、d_{min} 表示，如图 2-5 所示。

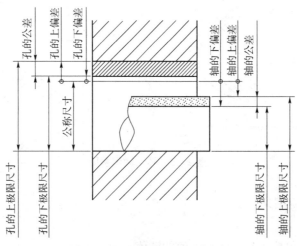

图 2-5　极限与配合示意图

3. 有关尺寸偏差、尺寸公差、公差带的术语及定义

（1）尺寸偏差（简称偏差）

尺寸偏差是指某一尺寸减其公称尺寸所得的代数差。偏差可以是正值、负值或零。

（2）极限偏差

上极限尺寸减其公称尺寸所得的代数差，称为上极限偏差。孔和轴的上极限偏差分别用 ES 和 es 表示：

$$ES = D_{max} - D, \quad es = d_{max} - d \tag{2-1}$$

下极限尺寸减其公称尺寸所得的代数差，称为下极限偏差。孔和轴的下极限偏差分别用 EI 和 ei 表示：

$$EI = D_{min} - D, \quad ei = d_{min} - d \tag{2-2}$$

（3）尺寸公差

允许尺寸的变动量，用 T 表示，其值等于上极限尺寸与下极限尺寸之代数差的绝对值，也等于上极限偏差与下极限偏差之代数差。用公式表示为

孔：
$$T_D = D_{max} - D_{min} = ES - EI \tag{2-3}$$

轴：
$$T_d = d_{max} - d_{min} = es - ei \tag{2-4}$$

公差值越大，其要求的加工精度越低。

公差和偏差是两个不同的概念。从意义上讲，公差是指允许尺寸的变动范围，偏差是指相对于公称尺寸的偏离量；从数值上看，公差是一个没有正、负号，也不能为零的数值，偏差是一个有正、负号或为零的代数值。

（4）尺寸公差带图

为了清楚表征孔、轴的公称尺寸、尺寸公差、上下极限偏差的关系，一般采用公差带图

来表示，公差带图由零线和公差带组成，如图 2-6
所示。

零线：在公差带图中，代表公称尺寸的基准
线叫零偏差线（简称零线）。正偏差位于零线上
方，负偏差位于零线下方。

公差带：公差带是由代表上极限偏差和下极
限偏差的两条直线所限定的一个区域。公差带有
两个要素：一个是公差带的大小，它取决于公差
数值的大小；另一个是公差带的位置，它取决于
极限偏差的大小。

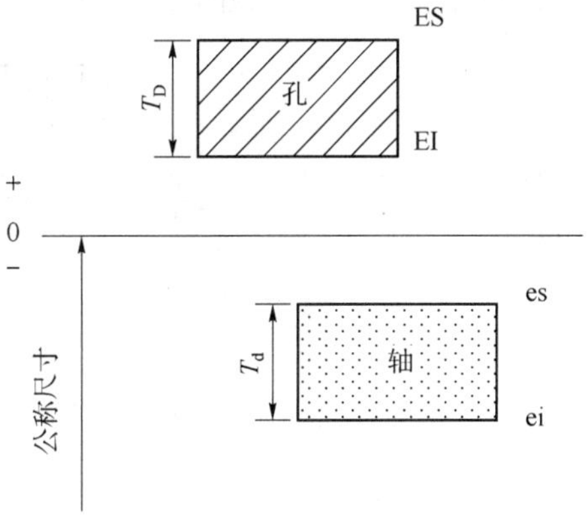

图 2-6 尺寸公差带图

绘制公差带图的步骤：

①画零线，在零线的左边标出"＋" "－"
"0"，在零线的左下角用单箭头指向零线表示公称尺寸并标出其数值。

②按适当比例画出孔、轴的公差带，即由代表上极限偏差和下极限偏差或由上极限尺寸
和下极限尺寸的两条直线所限定的一个区域。通常将孔的公差带打上剖面线，以示区别轴的
公差带。

③标出孔和轴的上、下极限偏差值及其他要求标注的数值。在公差带图中，要完整地描
述一个公差带，表达工件尺寸的设计要求，必须既给定公差值的大小以确定公差带垂直方向
的宽窄，又要给定一个极限偏差（上极限偏差或下极限偏差）以确定公差带的位置。

【例 2-1】已知一对相互配合的孔和轴，其公称尺寸为 $\phi60$ mm，孔的上极限尺寸 $D_{max} =$
$\phi60.030$ mm，孔的下极限尺寸 $D_{min} = \phi60$ mm，轴的上极限尺寸 $d_{max} = \phi59.990$ mm，轴的下
极限尺寸 $d_{min} = \phi59.971$ mm，求孔与轴的极限偏差及公差，并画出公差带图。

解：

①计算孔的极限偏差与公差。

孔的上极限偏差：

$$ES = D_{max} - D = 60.030 - 60 = +0.030 \text{（mm）}$$

孔的下极限偏差：

$$EI = D_{min} - D = 60 - 60 = 0 \text{（mm）}$$

孔的公差：

$$T_D = D_{min} - D = ES - EI = 0.030 \text{（mm）}$$

②计算轴的极限偏差与公差：

轴的上极限偏差：

$$es = d_{max} - d = 59.990 - 60 = -0.010 \text{（mm）}$$

轴的下极限偏差：

$$ei = d_{min} - d = 59.971 - 60 = -0.029 \text{（mm）}$$

轴的公差：

$$T_d = d_{max} - d_{min} = es - ei = 0.019 \text{（mm）}$$

③尺寸公差带图，如图2-7所示。

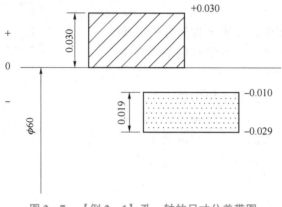

图2-7 【例2-1】孔、轴的尺寸公差带图

4. 有关配合的术语及定义

（1）配合

配合是指公称尺寸相同的、相互接合的孔与轴公差带之间的关系，它反映了相互接合零件之间的松紧程度。根据孔和轴公差带之间的不同关系，配合可分为间隙配合、过盈配合和过渡配合三大类，如图2-8所示。

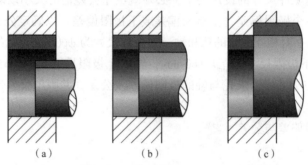

图2-8 孔与轴配合示意图

（a）间隙配合；（b）过渡配合；（c）过盈配合

间隙配合是指具有间隙的配合（包含间隙为0）。间隙配合中，孔的公差带在轴的公差带之上。此时，孔的尺寸减去相配合的轴的尺寸所得到的代数差为正值，即为间隙，用 X 表示，X_{max}、X_{min}、X_{av} 分别表示间隙配合的最大间隙、最小间隙和平均间隙，如图2-9所示。

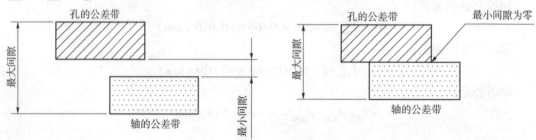

图2-9 间隙配合公差带图与特征量

间隙配合特征量用公式表示如下：

$$X_{max} = D_{max} - d_{min} = ES - ei \tag{2-5}$$

$$X_{min} = D_{min} - d_{max} = EI - es \tag{2-6}$$

$$X_{av} = \frac{X_{max} + X_{min}}{2} \tag{2-7}$$

【例2-2】已知 $\phi25^{+0.021}_{0}$ 的孔与 $\phi25^{-0.020}_{-0.033}$ 的轴配合，确定其配合性质并计算配合特征参数。

解：已知：孔与轴配合的公称尺寸为 $\phi25$，画出公差带图，如图2-10所示。

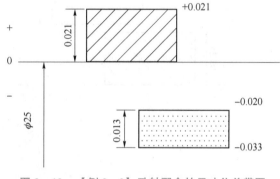

图2-10　【例2-2】孔轴配合的尺寸公差带图

确定配合性质：由于孔的公差带在上，轴的公差带在下，因此可判定为间隙配合。计算配合特征参数：

$$X_{max} = ES - ei = +0.021 - (-0.033) = 0.054(mm)$$

$$X_{max} = EI - es = 0 - (-0.020) = 0.020(mm)$$

$$X_{av} = \frac{X_{max} + X_{min}}{2} = \frac{0.074}{2} = 0.037(mm)$$

过盈配合是指具有过盈的配合（包含过盈为0）。在过盈配合中，孔的公差带在轴的公差带之上。此时，孔的尺寸减去相配合的轴的尺寸所得到的代数差为负值，即为过盈，用 Y 表示，Y_{max}、Y_{min}、Y_{av} 分别表示最大、最小、平均过盈，如图2-11所示。

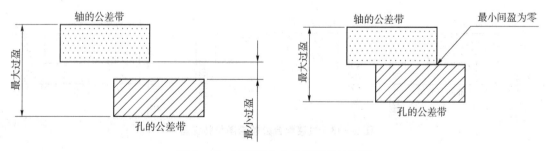

图2-11　过盈配合公差带图与特征量

过盈配合特征量用公式表示如下：

$$Y_{max} = D_{min} - d_{max} = EI - es \tag{2-8}$$

$$Y_{\min} = D_{\max} - d_{\min} = \text{ES} - \text{ei} \qquad (2-9)$$

$$Y_{\text{av}} = \frac{Y_{\max} + Y_{\min}}{2} \qquad (2-10)$$

【例 2-3】已知 $\phi 32^{+0.025}_{0}$ 的孔与 $\phi 32^{+0.042}_{+0.026}$ 的轴配合，确定其配合性质并计算配合特征参数。

解：已知：孔与轴配合的公称尺寸为 $\phi 32$，画出公差带图，在图 2-12 所示。

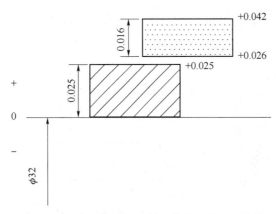

图 2-12　【例 2-3】孔轴配合的尺寸公差带图

确定配合性质：由于轴的公差带在上，孔的公差带在下，因此可判定为过盈配合。计算配合特征参数：

$$Y_{\max} = \text{EI} - \text{es} = 0 - (+0.042) = -0.042(\text{mm})$$

$$Y_{\min} = \text{ES} - \text{ei} = +0.025 - (+0.026) = -0.001(\text{mm})$$

$$Y_{\text{av}} = \frac{Y_{\max} + Y_{\min}}{2} = \frac{-0.043}{2} = -0.0215(\text{mm})$$

过渡配合：过渡配合是可能具有间隙或过盈的配合。此时，孔与轴公差带相互交叠。过渡配合的特征参数有最大间隙 $X_{\max}$、最大过盈 $Y_{\max}$、平均间隙 X_{av} 或平均过盈 X_{av}，如图 2-13 所示。

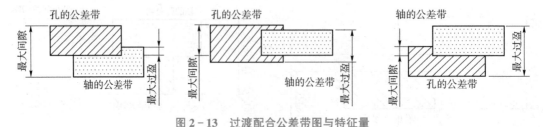

图 2-13　过渡配合公差带图与特征量

过渡配合特征量用公式表示如下：

$$X_{\max} = D_{\max} - d_{\min} = \text{ES} - \text{ei} \qquad (2-11)$$

$$Y_{\max} = D_{\min} - d_{\max} = \text{EI} - \text{es} \qquad (2-12)$$

$$X_{av}(Y_{av}) = \frac{X_{max} + Y_{max}}{2} \qquad (2-13)$$

【例 2 – 4】已知 $\phi 50^{+0.025}_{0}$ 的孔与 $\phi 50^{+0.018}_{+0.002}$ 的轴配合，确定其配合性质并计算配合特征参数。

解：已知：孔与轴配合的公称尺寸为 $\phi 50$，画出公差带图，如图 2 – 14 所示。

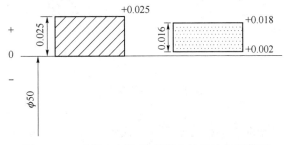

图 2 – 14 【例 2 – 4】孔轴配合的尺寸公差带图

确定配合性质：由于轴的公差带与孔的公差带重叠，因此可判定为过渡配合。计算配合特征参数：

$$X_{max} = ES - ei = +0.025 - (+0.002) = 0.023(mm)$$
$$Y_{min} = EI - es = 0 - (+0.018) = -0.018(mm)$$
$$X_{av}(Y_{av}) = \frac{X_{max} + Y_{max}}{2} = \frac{0.005}{2} = 0.0025(mm)(平均间隙)$$

（2）配合公差

允许间隙或过盈的变动量，用 T_f 表示，是一个没有符号的绝对值。在间隙、过盈和过渡三类配合中，其配合公差可用公式表示为

间隙配合：

$$T_f = X_{max} - X_{min} = T_D + T_d \qquad (2-14)$$

过盈配合：

$$T_f = Y_{min} - Y_{max} = T_D + T_d \qquad (2-15)$$

过渡配合：

$$T_f = X_{max} - Y_{max} = T_D + T_d \qquad (2-16)$$

无论哪一类配合，配合公差都等于孔的公差与轴的公差之和。

配合公差的大小反映了配合精度的高低，对一具体的配合，配合公差越大，配合时形成的间隙或过盈的变化量就越大，配合后松紧变化程度就越大，配合精度就越低。反之，配合精度高。因此，要想提高配合精度，就要减小孔、轴的尺寸公差。

5. 配合制

国家标准对孔、轴公差带之间的相互位置关系规定了两种配合制，即基孔制与基轴制。

（1）基孔制

基本偏差为一定的孔的公差带，与不同基本偏差的轴的公差带形成各种配合的一种制度，称为基孔制，如图 2 – 15 所示。

配合制

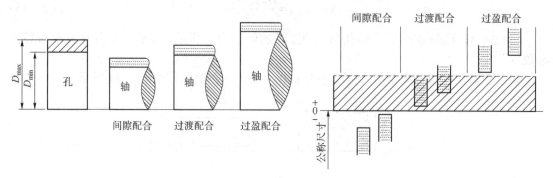

图 2 - 15 基孔制配合

基孔制配合中的孔是基准件，称为基准孔，代号为 H，它的基本偏差为下极限偏差，数值为零，即 EI=0，公差带在零线的上方。

（2）基轴制

基本偏差为一定的轴的公差带，与不同基本偏差的孔的公差带形成各种配合的一种制度，称为基轴制，如图 2 - 16 所示。

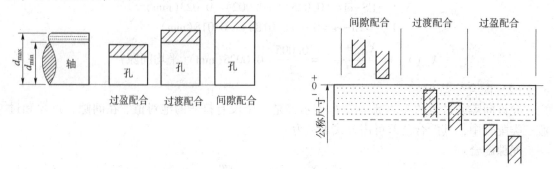

图 2 - 16 基轴制配合

基轴制配合中的轴是基准件，称为基准轴，代号为 h，它的基本偏差为上极限偏差，数值为零，即 ei=0，公差带在零线的下方。

2.2.2 极限与配合标准的主要内容简介

1. 标准公差系列

标准公差及基本偏差系列

公差值的大小确定了尺寸允许变化的变动量即公差带的宽窄，它反映了尺寸的精度和加工的难易程度。GB/T 1800.1-2020 中《第一部分：公差、偏差和配合的基础》标准已对公差值进行标准化，标准中所规定的任一公差称为标准公差。由若干标准公差所组成的系列称为标准公差系列，它以表格形式列出，称为标准公差数值表。标准公差的数值与两个因素有关：标准公差等级和公称尺寸分段。公差等级是确定尺寸精确程度的等级，见表 2 - 1。

国家标准将公称尺寸至 500 mm 的公差等级分为 20 级，由公差代号 IT 和公差等级数字 01，0，1，2，…，18 组成。例如 IT8 表示 8 级标准公差。

表 2-1 公称尺寸至 500 的标准公差数值表 (GB/T 1800.1-2020)

公称尺寸/mm		标准公差等级																			
大于	至	IT01	IT0	IT1	IT2	IT3	IT4	IT5	IT6	IT7	IT8	IT9	IT10	IT11	IT12	IT13	IT14	IT15	IT16	IT17	IT18
		标准公差数值																			
		μm													mm						
—	3	0.3	0.5	0.8	1.2	2	3	4	6	10	14	25	40	60	0.1	0.14	0.25	0.4	0.6	1	1.4
3	6	0.4	0.6	1	1.5	2.5	4	5	8	12	18	30	48	75	0.12	0.18	0.3	0.48	0.75	1.2	1.8
6	10	0.4	0.6	1	1.5	2.5	4	6	9	15	22	36	58	90	0.15	0.22	0.36	0.58	0.9	1.5	2.2
10	18	0.5	0.8	1.2	2	3	5	8	11	18	27	43	70	110	0.18	0.27	0.43	0.7	1.1	1.8	2.7
18	30	0.6	1	1.5	2.5	4	6	9	13	21	33	52	84	130	0.21	0.33	0.52	0.84	1.3	2.1	3.3
30	50	0.6	1	1.5	2.5	4	7	11	16	25	39	62	100	160	0.25	0.39	0.62	1	1.6	2.5	3.9
50	80	0.8	1.2	2	3	5	8	13	19	30	46	74	120	190	0.3	0.46	0.74	1.2	1.9	3	4.6
80	120	1	1.5	2.5	4	6	10	15	22	35	54	87	140	220	0.35	0.54	0.87	1.4	2.2	3.5	5.4
120	180	1.2	2	3.5	5	8	12	18	25	40	63	100	160	250	0.4	0.63	1	1.6	2.5	4	6.3
180	250	2	3	4.5	7	10	14	20	29	46	72	115	185	290	0.46	0.72	1.15	1.85	2.9	4.6	7.2
250	315	2.5	4	6	8	12	16	23	32	52	81	130	210	320	0.52	0.81	1.3	2.1	3.2	5.2	8.1
315	400	3	5	7	9	13	18	25	36	57	89	140	230	360	0.57	0.89	1.4	2.3	3.6	5.7	8.9
400	500	4	6	8	10	15	20	27	40	63	97	155	250	400	0.63	0.97	1.55	2.5	4	6.3	9.7

从 IT01 至 IT18 等级精度依次降低，相应的公差数值依次增大，加工越容易。

【例 2-5】 查表确定公称尺寸 φ30IT7 的标准公差值。

解：查表 2-1，公称尺寸为 30，根据查表取上原则，选取尺寸段为：18~30，取公差等级为 IT7，则公差值 $T = 21$ μm = 0.021 mm。

2. 基本偏差系列

要确定配合的性质与配合的精度，除公差带的大小外，还需确定公差带的位置。国家标准用公差等级确定公差的大小，用基本偏差确定公差带的位置。

基本偏差是用以确定公差带相对于零线位置的上极限偏差或下极限偏差，一般为靠近零线的那个偏差，如图 2-17 所示。

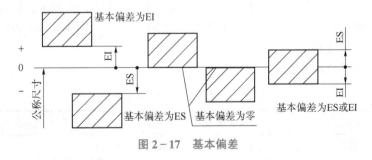

图 2-17 基本偏差

(1) 基本偏差代号

国家标准已经将基本偏差标准化，规定了孔和轴各有 28 种基本偏差，即 28 个公差带位置，这些不同的基本偏差便构成了基本偏差系列。

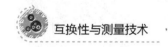

（2）基本偏差系列图

基本偏差代号是用拉丁字母表示的，孔的基本偏差用 A~ZC 表示，轴的基本偏差用 a~zc 表示。其中几个与阿拉伯数值易产生混淆的字母，如 I、L、O、Q、W（i、l、o、q、w）没有使用，同时增加了 CD、EF、FG、JS、ZA、ZB、ZC（cd、ef、fg、js、za、zb、zc）7 个双字母，基本偏差系列图如图 2-18 所示。

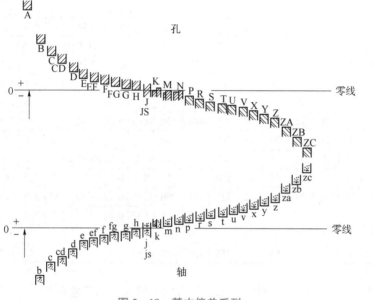

图 2-18　基本偏差系列

基本偏差系列

①a~h 的基本偏差为上极限偏差 es，其中 h 的上极限偏差为零。j~zc 的基本偏差为下极限偏差 ei；A~H 的基本偏差为下极限偏差 EI，其中 H 的下极限偏差为零。J~ZC 的基本偏差为上极限偏差 ES。

②JS 和 js 在各个公差等级中，公差带完全对称于零线，因此，它们的基本偏差可以是上极限偏差（+IT/2），也可以是下极限偏差（-IT/2）。而 J 和 j 为近似对称，但在国标中，孔仅保留 J6、J7、J8，轴仅保留 j5、j6、j7、j8，而且将逐渐用 JS 与 js 代替 J 和 j，因此，在基本偏差系列图中将 J 与 j 放在 JS 和 js 的位置上。

③基本偏差是公差带位置标准化的唯一参数，除去上述的 JS 和 js，以及 j、J、k、K、M、N 以外，原则上基本偏差与公差等级无关。在采用特殊规则确定 K~ZC 孔的基本偏差时，要注意加上一个 Δ 值。

孔、轴基本偏差分析见表 2-2。

表 2-2　孔、轴基本偏差分析

孔成轴	基本偏差		备注
孔	下偏差	A、B、C、CD、D、E、EF、FG、G、H	H 为基准孔，它的下偏差为零
	上偏差或下偏差	JS = ±IT/2	
	上偏差	J、K、M、N、P、R、S、T、U、V、X、Y、Z、ZA、ZB、ZC	

孔成轴	基本偏差		备注
轴	下偏差	a、b、c、cd、d、e、ef、fg、g、h	h 为基准轴，它的下偏差为零
	上偏差或下偏差	js＝±IT/2	
	上偏差	J、k、m、n、p、r、s、t、u、v、x、y、z、za、zb、zc	

（3）基本偏差数值

已知轴与孔的公称尺寸、基本偏差代号、标准公差等级，可通过查表（GB/T 1800.1－2020）确定其上下极限偏差，如表 2－3～表 2－5 所示。

表 2－3　孔 A～M 的基本偏差数值（$D \leqslant 500$ mm）（GB/T 1800.1－2020）　μm

公称尺寸 /mm		基本偏差数值																	
		下极限偏差 EI											上极限偏差 ES						
		所有公差等级											IT6	IT7	IT8	≤IT8	>IT8	≤IT8	>IT8
大于	至	A	B	C	CD	D	E	EF	F	FG	G	H	JS	J			K		M
—	3	+270	+140	+60	+34	+20	+14	+10	+6	+4	+2	0		+2	+4	+6	0	0	-2	-2
3	6	+270	+140	+70	+46	+30	+20	+14	+10	+6	+4	0		+5	+6	+10	-1+Δ		-4+Δ	-4
6	10	+280	+150	+80	+56	+40	+25	+18	+13	+8	+5	0		+5	+8	+12	-1+Δ		-6+Δ	-6
10	14	+290	+150	+95	+70	+50	+32	+23	+16	+10	+6	0	偏差为 ITn/2 式中 ITn 为标准公差值	+6	+10	+15	-1+Δ		-7+Δ	-7
14	18																			
18	24	+300	+160	+110	+85	+65	+40	+28	+20	+12	+7	0		+8	+12	+20	-2+Δ		-8+Δ	-8
24	30																			
30	40	+310	+170	+120	+100	+80	+50	+35	+25	+15	+9	0		+10	+14	+24	-2+Δ		-9+Δ	-9
40	50	+320	+180	+130																
50	65	+340	+190	+140		+100	+60		+30		+10	0		+13	+18	+28	-2+Δ		-11+Δ	-11
65	80	+360	+200	+150																
80	100	+380	+220	+170		+120	+72		+36		+12	0		+16	+22	+34	-3+Δ		-13+Δ	-13
100	120	+410	+240	+180																
120	140	+460	+260	+200		+145	+85		+43		+14	0		+18	+26	+41	3+Δ		15+Δ	15
140	160	+520	+280	+210																
160	180	+580	+310	+230																
180	200	+660	+340	+240		+170	+100		+50		+15	0		+22	+30	+47	4+Δ		17+Δ	17
200	225	+740	+380	+260		+170	+100		+50		+15	0		+22	+30	+47	4+Δ		17+Δ	17
225	250	+820	+420	+280																
250	280	+920	+480	+300		+190	+110		+56		+17	0		+25	+36	+55	-4+Δ		-20+Δ	-20
280	315	+1 050	+540	+330																
315	355	+1 200	+600	+360		+210	+125		+62		+18	0		+29	+39	+60	-4+Δ		-21+Δ	-21
355	400	+1 350	+680	+400																
400	450	+1 500	+760	+440		+230	+135		+68		+20	0		+33	+43	+66	-5+Δ		-23+Δ	-23
450	500	+1 650	+840	+480																

1. 公称尺寸≤1 mm 时，不适用于基本偏差 A 和 B。

2. 特例：对于公称尺寸大于 250～315 mm 的公差带代号 M6，ES＝-9 μm（不是-11 μm）。

3. 对于 Δ 值，见表 2－4。

表 2 – 4　孔 N～ZC 的基本偏差数值（$D \leq 500$ mm）（GB/T 1800.1—2020）　　　　μm

公称尺寸/mm 大于	至	N ≤IT8	N >IT8	P~ZC ≤IT7	P	R	S	T	U	V	X	Y	Z	ZA	ZB	ZC	Δ IT3	IT4	IT5	IT6	IT7	IT8
—	3	-4	-4		-6	-10	-14		-18		-20		-26	-32	-40	-60	0	0	0	0	0	0
3	6	-8+Δ	0		-12	-15	-19		-23		-28		-35	-42	-50	-80	1	1.5	1	3	4	6
6	10	-10+Δ	0		-15	-19	-23		-28		-34		-42	-52	-67	-97	1	1.5	2	3	6	7
10	14	-12+Δ	0	在>IT7的标准等级的基本偏差数值前增加Δ	-18	-23	-28		-33		-40		-50	-64	-90	-130	1	2	3	3	7	9
14	18	-12+Δ	0		-18	-23	-28		-33	-39	-45		-60	-77	-108	-150	1	2	3	3	7	9
18	24	-15+Δ	0		-22	-28	-35		-41	-47	-54	-63	-73	-98	-136	-188	1.5	2	3	4	8	12
24	30	-15+Δ	0		-22	-28	-35	-41	-48	-55	-64	-75	-88	-118	-160	-218	1.5	2	3	4	8	12
30	40	-17+Δ	0		-26	-34	-43	-48	-60	-68	-80	-94	-112	-148	-200	-274	1.5	3	4	5	9	14
40	50	-17+Δ	0		-26	-34	-43	-54	-70	-81	-97	-114	-136	-180	-242	-325	1.5	3	4	5	9	14
50	65	-20+Δ	0		-32	-41	-53	-66	-87	-102	-122	-144	-172	-226	-300	-405	2	3	5	6	11	16
65	80	-20+Δ	0		-32	-43	-59	-75	-102	-120	-146	-174	-210	-274	-360	-480	2	3	5	6	11	16
80	100	-23+Δ	0		-37	-51	-71	-91	-124	-146	-178	-214	-258	-335	-445	-585	2	4	5	7	13	19
100	120	-23+Δ	0		-37	-54	-79	-104	-144	-172	-210	-254	-310	-400	-525	-690	2	4	5	7	13	19
120	140	-27+Δ	0		-43	-63	-92	-122	-170	-202	-248	-300	-365	-470	-620	-800	3	4	6	7	15	23
140	160	-27+Δ	0		-43	-65	-100	-134	-190	-228	-280	-340	-415	-535	-700	-900	3	4	6	7	15	23
160	180	-27+Δ	0		-43	-68	-108	-146	-210	-252	-310	-380	-465	-600	-780	-1 000	3	4	6	7	15	23
180	200	-31+Δ	0		-50	-77	-122	-166	-236	-284	-350	-425	-520	-670	-880	-1 150	3	4	6	9	17	26
200	225	-31+Δ	0		-50	-80	-130	-180	-258	-310	-385	-470	-575	-740	-960	-1 250	3	4	6	9	17	26
225	250	-31+Δ	0		-50	-84	-140	-196	-284	-340	-425	-520	-640	-820	-1 050	-1 350	3	4	6	9	17	26
250	280	-34+Δ	0		-56	-94	-158	-218	-315	-385	-475	-580	-710	-920	-1 200	-1 550	4	4	7	9	20	29
280	315	-34+Δ	0		-56	-98	-170	-240	-350	-425	-525	-650	-790	-1 000	-1 300	-1 700	4	4	7	9	20	29
315	355	-37+Δ	0		-62	-108	-190	-268	-390	-475	-590	-730	-900	-1 150	-1 500	-1 900	4	5	7	11	21	32
355	400	-37+Δ	0		-62	-114	-208	-294	-435	-530	-660	-820	-1 000	-1 300	-1 650	-2 100	4	5	7	11	21	32
400	450	-40+Δ	0		-68	-126	-232	-330	-490	-595	-740	-920	-1 100	-1 450	-1 850	-2 400	5	5	7	13	23	34
450	500	-40+Δ	0		-68	-132	-252	-360	-540	-660	-820	-1 000	-1 250	-1 600	-2 100	-2 600	5	5	7	13	23	34

基本偏差数值　上极限偏差 ES　>IT7 的标准公差等级

表 2-5　轴的基本偏差数值（$D \leq 500$ mm）（GB/T 1800.1—2020）

单位：μm

基本偏差数值　上极限偏差 es（所有公差等级，a~h，js）；下极限偏差 ei（所有公差等级，j~zc）

公称尺寸/mm 大于	至	a	b	c	cd	d	e	ef	f	fg	g	h	js	j IT5·IT6	j IT7	j IT8	k IT4至IT7	k ≤IT3,>IT7	m	n	p	r	s	t	u	v	x	y	z	za	zb	zc
—	3	-270	-140	-60	-34	-20	-14	-10	-6	-4	-2	0	偏差为 $\pm IT_n/2$，式中 IT_n 为标准公差值	-2	-4	-6	0	0	+2	+4	+6	+10	+14		+18		+20		+26	+32	+40	+60
3	6	-270	-140	-70	-46	-30	-20	-14	-10	-6	-4	0		-2	-4		+1	0	+4	+8	+12	+15	+19		+23		+28		+35	+42	+50	+80
6	10	-280	-150	-80	-56	-40	-25	-18	-13	-8	-5	0		-2	-5		+1	0	+6	+10	+15	+19	+23		+28		+34		+42	+52	+67	+97
10	14	-290	-150	-95	-70	-50	-32	-23	-16	-10	-6	0		-3	-6		+1	0	+7	+12	+18	+23	+28		+33		+40		+50	+64	+90	+130
14	18	-290	-150	-95	-70	-50	-32	-23	-16	-10	-6	0		-3	-6		+1	0	+7	+12	+18	+23	+28		+33	+39	+45		+60	+77	+108	+150
18	24	-300	-160	-110	-85	-65	-40	-28	-20	-12	-7	0		-4	-8		+2	0	+8	+15	+22	+28	+35		+41	+47	+54	+63	+73	+98	+136	+188
24	30	-300	-160	-110	-85	-65	-40	-28	-20	-12	-7	0		-4	-8		+2	0	+8	+15	+22	+28	+35	+41	+48	+55	+64	+75	+88	+118	+160	+218
30	40	-310	-170	-120	-100	-80	-50	-35	-25	-15	-9	0		-5	-10		+2	0	+9	+17	+26	+34	+43	+48	+60	+68	+80	+94	+112	+148	+200	+274
40	50	-320	-180	-130	-100	-80	-50	-35	-25	-15	-9	0		-5	-10		+2	0	+9	+17	+26	+34	+43	+54	+70	+81	+97	+114	+136	+180	+242	+325
50	65	-340	-190	-140		-100	-60		-30		-10	0		-7	-12		+2	0	+11	+20	+32	+41	+53	+66	+87	+102	+122	+144	+172	+226	+300	+405
65	80	-360	-200	-150		-100	-60		-30		-10	0		-7	-12		+2	0	+11	+20	+32	+43	+59	+75	+102	+120	+146	+174	+210	+274	+360	+480
80	100	-380	-220	-170		-120	-72		-36		-12	0		-9	-15		+3	0	+13	+23	+37	+51	+71	+91	+124	+146	+178	+214	+258	+335	+445	+585
100	120	-410	-240	-180		-120	-72		-36		-12	0		-9	-15		+3	0	+13	+23	+37	+54	+79	+104	+144	+172	+210	+254	+310	+400	+525	+690
120	140	-460	-260	-200		-145	-85		-43		-14	0		-11	-18		+3	0	+15	+27	+43	+63	+92	+122	+170	+202	+248	+300	+365	+470	+620	+800
140	160	-520	-280	-210		-145	-85		-43		-14	0		-11	-18		+3	0	+15	+27	+43	+65	+100	+134	+190	+228	+280	+340	+415	+535	+700	+900
160	180	-580	-310	-230		-145	-85		-43		-14	0		-11	-18		+3	0	+15	+27	+43	+68	+108	+146	+210	+252	+310	+380	+465	+600	+780	+1000
180	200	-660	-340	-240		-170	-100		-50		-15	0		-13	-21		+4	0	+17	+31	+50	+77	+122	+166	+236	+284	+350	+425	+520	+670	+880	+1150
200	225	-740	-380	-260		-170	-100		-50		-15	0		-13	-21		+4	0	+17	+31	+50	+80	+130	+180	+258	+310	+385	+470	+575	+740	+960	+1250
225	250	-820	-420	-280		-170	-100		-50		-15	0		-13	-21		+4	0	+17	+31	+50	+84	+140	+196	+284	+340	+425	+520	+640	+820	+1050	+1350
250	280	-920	-480	-300		-190	-110		-56		-17	0		-16	-26		+4	0	+20	+34	+56	+94	+158	+218	+315	+385	+475	+580	+710	+920	+1200	+1550
280	315	-1050	-540	-330		-190	-110		-56		-17	0		-16	-26		+4	0	+20	+34	+56	+98	+170	+240	+350	+425	+525	+650	+790	+1000	+1300	+1700
315	355	-1200	-600	-360		-210	-125		-62		-18	0		-18	-28		+4	0	+21	+37	+62	+108	+190	+268	+390	+475	+590	+730	+900	+1150	+1500	+1900
355	400	-1350	-680	-400		-210	-125		-62		-18	0		-18	-28		+4	0	+21	+37	+62	+114	+208	+294	+435	+530	+660	+820	+1000	+1300	+1650	+2100
400	450	-1500	-760	-440		-230	-135		-68		-20	0		-20	32		+5	0	+23	+40	+68	+126	+232	+330	+490	+595	+740	+920	+1100	+1450	+1850	+2400
450	500	-1650	-840	-480		-230	-135		-68		-20	0		-20	32		+5	0	+23	+40	+68	+132	+252	+360	+540	+660	+820	+1000	+1250	+1600	+2100	+2600

注：1. 公称尺寸 ≤1 mm 时，不使用基本偏差 a 和 b。

3. 极限与配合的标注

（1）公差带代号

一个确定的公差带由基本偏差和公差等级组合而成，孔、轴的公差带代号由基本偏差代号和公差等级数字组成。例如 B5、H6 为孔的公差带代号，h8、k7 为轴的公差带代号。

例如：$\phi45f6$ 表示轴的公称尺寸为 $\phi45$，基本偏差为 f，标准公差等级为 IT6。

$\phi70M6$ 表示孔的公称尺寸为 $\phi70$，基本偏差为 M，标准公差等级为 IT6。

公差带代号与极限偏差可以通过查表转换。

【例 2-6】 查表确定公称尺寸 $\phi20H7$、$\phi30N7$、$\phi20k6$、$\phi30js6$ 的极限偏差。

解：

① $\phi20H7$、$\phi30N7$ 是孔的公差带代号，孔的公称尺寸分别为 $\phi20$、$\phi30$，查表 2-1，选取尺寸段为 18~30，得 IT7 = 0.021 mm，即 T_D = 0.021 mm。

对于 $\phi20H7$，由于是基准孔，H 表示下偏差 EI = 0，或者可查表 2-3，亦可得 EI = 0，则 ES = EI + T_D = +0.021 mm；

对于 $\phi30N7$，查表 2-3 可得基本偏差为上偏差，其值为（$-15+\Delta$）μm，查表 2-4 可得，当公差值为 IT7 时，Δ = 8 μm，则孔的上偏差 ES = -7 μm = -0.007 mm，即 EI = ES $- T_D$ = -0.028 mm。

因此，$\phi20H7$ 以极限偏差的形式表示为 $\phi20^{+0.021}_{0}$，$\phi30N7$ 以极限偏差的形式表示为 $\phi30^{-0.007}_{-0.028}$。

② $\phi20k6$、$\phi30js6$ 是轴的公差带代号，轴的公称尺寸分别为 $\phi20$、$\phi30$，查表 2-1，选取尺寸段为 18~30，可得：IT6 = 0.013 μm，即 T_d = 0.013 mm。

对于 $\phi20k6$，查表 2-5 可得，ei = +2 μm = +0.002 mm，则 es = ei + T_d = +0.015 mm；

对于 $\phi30js6$，查表 2-5 可得，其上下偏差分别为 $\pm\dfrac{ITn}{2}$，其中 ITn 为其公差数值，则 es = +0.0065 mm，ei = -0.065 mm。

因此，$\phi20k6$ 以极限偏差的形式表示为 $\phi20^{+0.015}_{+0.002}$，$\phi30js6$ 以极限偏差的形式表示为 $\phi(30\pm0.0065)$。

（2）配合代号

由孔、轴的公差带的组合表示，写成分数形式，分子为孔的公差带代号，分母为轴的公差带代号。

如表示某公称尺寸的配合，则公称尺寸写在配合代号之前，如 $\phi45H8/f7$ 或 $\phi45\dfrac{H8}{f7}$。

（3）尺寸公差代号的标注

极限与配合在零件图上的标注可以有以下三种形式，如图 2-19 所示。

① 标注公称尺寸和公差带代号：此标注适用于大批量生产的产品，如图 2-19（a）所示。

② 标注公称尺寸和极限偏差值：此标注一般在单件小批量生产的零件图样上采用，如图 2-19（b）所示。

③ 标注公称尺寸、公差带代号和极限偏差值：此标注适用于中小批量生产的产品零件，

如图 2-19（c）所示。

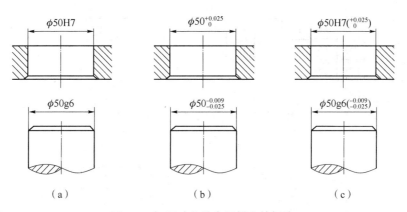

图 2-19 尺寸公差在图样上的标注

（a）标注公差代号；（b）标注极限偏差；（c）标注公差代号和极限偏差

（4）装配图中配合的标注

配合代号用分式表示，分子表示孔的公差带代号，分母表示轴的公差带代号。极限与配合在装配图上的标注如图 2-20 所示。

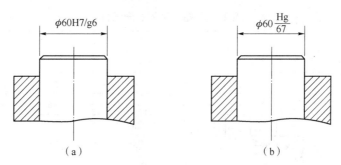

图 2-20 配合公差在图样上的标注

（a）配合的标注形式 1；（b）配合的标注形式 2

4. 优先选取的公差带与配合

公称尺寸确定以后，由任一公差等级和任一种基本偏差都可组成公差带，这样可组成 544 种轴公差带和 543 种孔公差带，而这些孔、轴公差带组成的配合公差带的数量更大。如果这些孔、轴公差带和配合都投入使用，将造成公差表格庞大，定值刀具、量具的规格众多，这不仅不利于极限与配合的标准化，而且将给生产管理带来不便。因此，国家标准对孔、轴公差带和基孔制、基轴制配合提出了优先选取的方案，如图 2-21 和图 2-22 所示，其中框中所示的公差带代号应优先选取。

（1）基孔制、基轴制的优先的配合

基于决策的考虑，对于孔与轴的公差等级和基本偏差的选择，应能够给出最满足所要求使用条件对应的最小和最大间隙或过盈。基于经济因素，配合应优先选择框中所示的公差带代号，见表 2-6 和表 2-7。

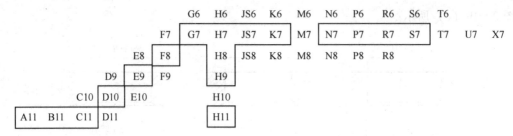

图 2-21 孔的优先选取公差带代号

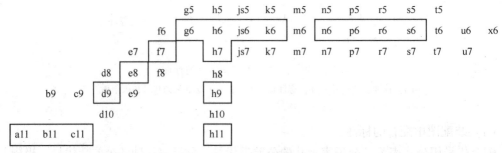

图 2-22 轴的优先选取公差带代号

表 2-6 基孔制的优先配合

基准孔	轴公差带代号																	
	间隙配合							过渡配合					过盈配合					
H6					g5	h5	js5	k5	m5		n5	p5						
H7			f6	**g6**	**h6**	**js6**	**k6**	m6	**n6**		**p6**	**r6**	**s6**	t6	u6	x6
H8		e7	**f7**		**h7**	js7	k7	m7				s7		u7	
	d8	**e8**	f8		h8									
H9	d8	**e8**	f8		h8								
H10	b9	c9	d9	e9		**h9**						
H11	**b11**	**c11**	d10		h10					

表 2-7 基轴制的优先配合

基准孔	轴公差带代号																	
	间隙配合							过渡配合					过盈配合					
h5				G6	H6	JS6	K6	M6		N6	P6					
h6			F7	**G7**	**H7**	**JS7**	**K7**	M7	**N7**		**P7**	**R7**	**S7**	T7	U7	X7
h7		E8	**F8**		**H8**										
h8		D9	**E9**	F9		**H9**							
	E8	**F8**		**H8**									
h9	D9	**E9**	F9		**h9**							
	B11	C10	**D10**		h10						

5. 线性尺寸未注公差

线性尺寸的一般公差是指在车间一般工艺条件下可保证的公差，是机床设备一般加工能力在正常维护和操作情况下，能达到的经济加工精度，也称为线性尺寸的未注公差，主要用于低精度的非配合尺寸。

GB/T 1804-2000 对线性尺寸的一般公差规定了 4 个公差等级，即 f（精密级）、m（中等级）、c（粗糙级）和 v（最粗级），其标准数值见表 2-8。

表 2-8　线性尺寸的极限偏差数值（GB/T 1804-2000）　　　　mm

公差等级	尺寸分段							
	0.5~3	>3~6	>6~30	>30~120	>120~400	>400~1 000	>1 000~2 000	>2 000~4 000
f（精密级）	±0.05	±0.05	±0.1	±0.15	±0.2	±0.3	±0.5	—
m（中等级）	±0.1	±0.1	±0.2	±0.3	±0.5	±0.8	±1.2	±2
e（粗糙级）	±0.2	±0.3	±0.5	±0.8	±1.2	±2	±3	±4
v（最粗级）	—	±0.5	±1	±1.5	±2.5	±4	±6	±8

采用未注公差的尺寸，在图样上只注公称尺寸，不注极限偏差，而是在图样或技术文件中用国家标准号和公差等级代号并在两者之间用一短画线隔开表示。

例如，选用 m（中等级）时，则表示为 GB/T 1804-m，这表明图样上凡未注公差的线性尺寸（包含倒圆半径与倒角高度）均按 m（中等级）加工和检验。

2.2.3　极限与配合的选用

1. 基准制的选择

极限与配合的选用

基孔制和基轴制是两种平行的配合制度，配合制的选择与配合性质无关。因此，选用配合制主要是从结构、工艺和经济效益方面分析，一般应遵循以下原则。

（1）优先选用基孔制配合

由于选择基孔制配合的零、部件生产成本低，经济效益好，因而该配合被广泛使用。具体理由如下：

①加工工艺方面：加工中等尺寸的孔，通常需要采用价格较贵的扩孔钻、铰刀、拉刀等定值刀具，而且一种刀具只能加工一种尺寸的孔；而加工轴则不同，一把车刀或砂轮可加工不同尺寸的轴。

②技术测量方面：一般中等精度孔的测量，必须使用内径百分表，由于调整和读数不易掌握，故测量时需要一定水平的测试技术；而测量轴则不同，可以采用通用量具（卡尺或千分尺），测量非常方便且读数也容易掌握。

（2）特殊情况下应选用基轴制配合

同一轴与公称尺寸相同的几个孔相配合，且在配合性质不同的情况下，应考虑用基轴制配合。

加工尺寸小于 1 mm 的精密轴比加工同级孔的工艺性差，因此小尺寸配合采用基轴制较经济。

精度要求不高的配合，常用冷拉钢材直接做轴，采用基轴制配合可避免冷拉钢材的尺寸规格过多，节省加工费用。

其他特殊要求的场合。

（3）根据标准件选用基准制

与标准件相配合的轴或孔一定要按照标准件来选择基准制。标准件通常由专业工厂批量生产，在制造时其配合部位的尺寸已确定。

（4）配合精度要求不高时可用非基准制

非基准制的配合是指相配合的两零件既无基准孔 H 又无基准轴 h 的配合，是为了满足配合的特殊要求，允许采用任一孔、轴公差带所组成的配合。

2. 公差等级的选择

公差等级的高低直接影响产品使用性能和制造成本。选择标准公差等级的原则是：在保证满足使用要求的前提下，考虑工艺的可能性，尽可能采用精度较低的公差等级。

例如航空发动机上的齿轮公差等级为 4 级，而普通工业齿轮公差等级为 7~10 级。

公差等级的选用通常采用的方法为类比法，即参考从生产实践中总结出来的经验汇编成资料，进行比较选择。各公差等级的应用见表 2-9，各种加工方法能够达到的精度见表 2-10。

当用类比法选择公差等级时，除参考以上各表外，还应注意分析以下问题。

①考虑工艺等价性。工艺等价性是指加工孔和轴的难易程度应基本相同。

例如，公称尺寸 ≤500 mm 的常用尺寸段：

<IT8：推荐轴比孔小一级，如 H8/f7，H7/u6；

IT8：也可采用同级，如 H8/f8；

>IT8：一般采用轴、孔同级，如 H9/c9，H9/f9。

②根据配合性质选择公差等级。

a. 对过渡、过盈配合：公差等级不宜太低，一般孔 ≤IT8，轴 ≤IT7。

b. 对间隙配合：大间隙选低等级，如 H11/a11；小间隙选高等级，如 H6/g5。

③根据相配合的零件或标准件选择公差等级，相配合零、部件的精度要匹配。

例如与滚动轴承配合的外壳孔和轴，其精度取决于滚动轴承的公差等级。

④选择公差等级时，应了解各种加工方法可达到的公差等级和公差等级的应用范围。

3. 配合的选择

配合的选择是在基准制和公差等级确定后，对基准孔或基准轴公差带的位置，以及相应非基准件基本偏差代号的选择。

配合精度由配合的孔、轴公差带大小即配合公差的大小决定，配合性质（即配合松紧程度）则由配合的孔、轴公差带位置即基本偏差决定。

目前最常用的配合选用方法是类比法，它是结合同类型机器或机构中，经过生产实践验证的已用配合的实例，再考虑所设计机器的使用情况，进行分析比较确定所需配合的方法。

①过盈配合：具有一定的过盈量，主要用于接合件间无相对运动且不需要拆卸的静连接。当过盈量较小时，只作精确定心用，如传递力矩需加键、销等紧固件；当过盈量较大时，可直接用于传递力矩。

表 2-9　各公差等级的应用

应用	公差等级（IT）																		
	01	0	1	2	3	4	5	6	7	8	9	10	11	12	13	14	15	16	17	18
块规																			
量规																			
配合尺寸																			
特别精密零件的配合																			
非配合尺寸（大制造公差）																			
原材料公差																			

表2-10　各种加工方法能够达到的精度

<table>
<thead>
<tr><th rowspan="2">加工方法</th><th colspan="18">公差等级（IT）</th></tr>
<tr><th>01</th><th>0</th><th>1</th><th>2</th><th>3</th><th>4</th><th>5</th><th>6</th><th>7</th><th>8</th><th>9</th><th>10</th><th>11</th><th>12</th><th>13</th><th>14</th><th>15</th><th>16</th></tr>
</thead>
<tbody>
<tr><td>研磨</td><td></td><td></td><td></td><td></td><td></td><td></td><td></td><td></td><td></td><td></td><td></td><td></td><td></td><td></td><td></td><td></td><td></td><td></td></tr>
<tr><td>珩磨</td><td></td><td></td><td></td><td></td><td></td><td></td><td></td><td></td><td></td><td></td><td></td><td></td><td></td><td></td><td></td><td></td><td></td><td></td></tr>
<tr><td>圆磨</td><td></td><td></td><td></td><td></td><td></td><td></td><td></td><td></td><td></td><td></td><td></td><td></td><td></td><td></td><td></td><td></td><td></td><td></td></tr>
<tr><td>平磨</td><td></td><td></td><td></td><td></td><td></td><td></td><td></td><td></td><td></td><td></td><td></td><td></td><td></td><td></td><td></td><td></td><td></td><td></td></tr>
<tr><td>金刚石车</td><td></td><td></td><td></td><td></td><td></td><td></td><td></td><td></td><td></td><td></td><td></td><td></td><td></td><td></td><td></td><td></td><td></td><td></td></tr>
<tr><td>金刚石镗</td><td></td><td></td><td></td><td></td><td></td><td></td><td></td><td></td><td></td><td></td><td></td><td></td><td></td><td></td><td></td><td></td><td></td><td></td></tr>
<tr><td>拉削</td><td></td><td></td><td></td><td></td><td></td><td></td><td></td><td></td><td></td><td></td><td></td><td></td><td></td><td></td><td></td><td></td><td></td><td></td></tr>
<tr><td>绞孔</td><td></td><td></td><td></td><td></td><td></td><td></td><td></td><td></td><td></td><td></td><td></td><td></td><td></td><td></td><td></td><td></td><td></td><td></td></tr>
<tr><td>车</td><td></td><td></td><td></td><td></td><td></td><td></td><td></td><td></td><td></td><td></td><td></td><td></td><td></td><td></td><td></td><td></td><td></td><td></td></tr>
<tr><td>镗</td><td></td><td></td><td></td><td></td><td></td><td></td><td></td><td></td><td></td><td></td><td></td><td></td><td></td><td></td><td></td><td></td><td></td><td></td></tr>
<tr><td>铣</td><td></td><td></td><td></td><td></td><td></td><td></td><td></td><td></td><td></td><td></td><td></td><td></td><td></td><td></td><td></td><td></td><td></td><td></td></tr>
<tr><td>刨、插</td><td></td><td></td><td></td><td></td><td></td><td></td><td></td><td></td><td></td><td></td><td></td><td></td><td></td><td></td><td></td><td></td><td></td><td></td></tr>
<tr><td>钻孔</td><td></td><td></td><td></td><td></td><td></td><td></td><td></td><td></td><td></td><td></td><td></td><td></td><td></td><td></td><td></td><td></td><td></td><td></td></tr>
<tr><td>滚压、挤压</td><td></td><td></td><td></td><td></td><td></td><td></td><td></td><td></td><td></td><td></td><td></td><td></td><td></td><td></td><td></td><td></td><td></td><td></td></tr>
<tr><td>冲压</td><td></td><td></td><td></td><td></td><td></td><td></td><td></td><td></td><td></td><td></td><td></td><td></td><td></td><td></td><td></td><td></td><td></td><td></td></tr>
<tr><td>压铸</td><td></td><td></td><td></td><td></td><td></td><td></td><td></td><td></td><td></td><td></td><td></td><td></td><td></td><td></td><td></td><td></td><td></td><td></td></tr>
<tr><td>粉末冶金成型</td><td></td><td></td><td></td><td></td><td></td><td></td><td></td><td></td><td></td><td></td><td></td><td></td><td></td><td></td><td></td><td></td><td></td><td></td></tr>
<tr><td>粉末冶金烧结</td><td></td><td></td><td></td><td></td><td></td><td></td><td></td><td></td><td></td><td></td><td></td><td></td><td></td><td></td><td></td><td></td><td></td><td></td></tr>
<tr><td>砂型铸造、气割</td><td></td><td></td><td></td><td></td><td></td><td></td><td></td><td></td><td></td><td></td><td></td><td></td><td></td><td></td><td></td><td></td><td></td><td></td></tr>
<tr><td>锻造</td><td></td><td></td><td></td><td></td><td></td><td></td><td></td><td></td><td></td><td></td><td></td><td></td><td></td><td></td><td></td><td></td><td></td><td></td></tr>
</tbody>
</table>

②过渡配合：可能具有间隙，也可能具有过盈，因其量小，故主要用于精确定心、接合件间无相对运动、可拆卸的静连接。要传递力矩时则要加紧固件。

③间隙配合：具有一定的间隙，间隙小时主要用于精确定心又便于拆卸的静连接，或接合件间只有缓慢移动或转动的动连接；间隙较大时主要用于接合件间有转动、移动或复合运动的动连接。

2.3　项目实施

2.3.1　传动轴尺寸分析

以图 2-1 所示传动轴零件图为例，分析该传动轴尺寸公差要求，见表 2-11。

表 2-11　传动轴尺寸公差分析

尺寸公差/mm	$\phi20^{-0.007}_{-0.028}$	$\phi25^{-0.007}_{-0.028}$	$\phi28^{-0.007}_{-0.028}$	$6^{+0.030}_{0}$	$8^{+0.036}_{0}$	$16.5^{0}_{-0.2}$	$24^{0}_{-0.2}$	其余尺寸
公差代号	$\phi20g7$	$\phi25g7$	$\phi28g7$	6H9	8H9	键槽公差		线性未注尺寸公差

2.3.2　传动轴尺寸检测

游标卡尺测量

1. 轴类零件尺寸检测常用方法

（1）游标卡尺测量

1）游标卡尺简介

游标卡尺是一种测量长度、内外径以及深度的量具。其读数机构是由主尺和附在主尺上能滑动的副尺（或称游标）两部分构成的。游标卡尺的主尺和副尺上有两副活动量爪，分别是内测量爪和外测量爪，内测量爪通常用来测量内径，外测量爪通常用来测量长度和外径，如图 2-23 所示。

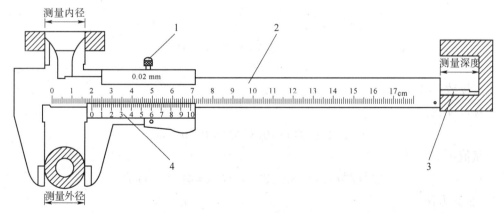

图 2-23　游标卡尺测量尺寸示意图

1—固定螺钉；2—主尺；3—深度杆；4—副尺（滑标）

游标卡尺的主尺分度值一般为 1 mm（与毫米刻度尺一样），副尺则根据分格的不同可分为 10 分度（副尺刻度有 10 小格）、20 分度（副尺刻度有 20 小格）以及 50 分度（副尺刻度有 50 小格）。其中，10 分度的游标卡尺分度值是 0.1 mm，20 分度的游标卡尺分度值是 0.05 mm，50 分度的游标卡尺分度值是 0.02 mm，如图 2-24 所示。

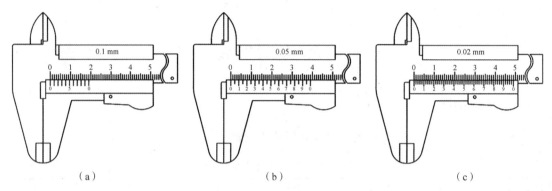

图 2-24　不同分度值的游标卡尺

（a）10 分度；（b）20 分度；（c）50 分度

2）读数原理

游标卡尺的读数机构是由主尺和副尺两部分组成的。当测量爪贴合时，副尺上的"0"刻度线（简称"游标零线"）对准主尺上的"0"刻度线，此时量爪间的距离为"0 mm"。当副尺向右移动到某一位置时，测量爪之间的距离就是被测零件的测量尺寸，游标卡尺的读数示例如图 2-25 所示。

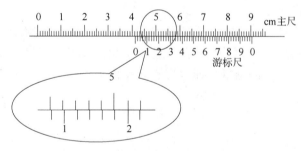

图 2-25　游标卡尺的读数示意

主尺读数：41 mm；

游标尺读数：

$$0.02（分度值）×10（格数）= 0.20（mm）$$

测量值：

$$主尺读数+游标尺读数=41+0.2=41.20（mm）$$

3）读数方法

①看游标零线的左边，读出主尺上尺寸的整数部分。

②找出副尺上第几条刻度线与主尺刻度线对准，该刻度线的格数乘以游标卡尺的分度

值，读出尺寸的小数部分。

③将读出的整数与小数相加，即为被测件的实际尺寸值。

4）注意事项

①使用前，应先把量爪与被测工件表面的灰尘和油污等擦干净，以免碰伤游标卡尺量爪和影响测量精度，同时检查各部件的相互作用，如尺框和微动装置移动是否灵活、固定螺钉是否能起作用等。

②检查游标卡尺零位，使游标卡尺两量爪紧密贴合，用眼睛观察应无明显的光隙。

③使用时，要掌握好量爪面同工件表面接触时的压力，既不能太大也不能太小，刚好使测量面与工件接触，同时量爪还能沿着工件表面自由滑动。

④游标卡尺读数时，应把游标卡尺水平拿起，使视线尽可能和尺上所读的刻线垂直，以免由于视线的歪斜而引起读数误差。

⑤测量外尺寸，读数后切不可从被测工件上猛力抽下游标卡尺，否则会使量爪的测量面磨损。

⑥不能用游标卡尺测量运动的工件。

⑦不准以游标卡尺代替卡钳在工件上来回拖拉。

⑧游标卡尺不要放在强磁场附近，以免使游标卡尺感受磁性，影响使用。

⑨使用后，应当注意使游标卡尺平放，尤其是大尺寸的游标卡尺，否则会使主尺弯曲变形。

⑩使用完毕后，游标卡尺应安放在专用盒内，注意不要使它生锈或弄脏。

用外径千分尺测量零件的实际尺寸

（2）外径千分尺测量

1）外径千分尺简介

外径千分尺是应用螺旋副原理进行测量的量具，主要由小砧、测微螺杆、固定套管、微分筒、旋钮、微调旋钮、锁紧装置、尺架等组成，如图2-26所示。

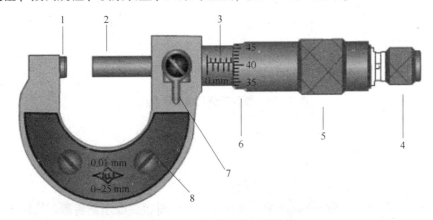

图2-26 外径千分尺的结构

1—小砧；2—测微螺杆；3—固定套管；4—微调旋钮；5—旋钮；6—微分筒；7—锁紧装置；8—尺架

外径千分尺是比游标卡尺更精密的量具，其分度值为0.01 mm，测量范围有0~25 mm、25~5 mm、50~75 mm、75~100 mm等多种。

2）读数原理

外径千分尺固定套管刻有上、下两排刻线，分度值均为 1 mm，相邻上、下两刻线间距则为 0.5 mm。微分筒刻有 50 个等分刻度，微分筒转一周（50 格），螺杆轴向移动 0.5 mm；微分筒转一格，螺杆轴向位移 0.01 mm，即千分尺的分度值。

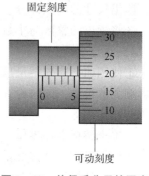

图 2-27　外径千分尺的固定刻度与可动刻度示意图

外径千分尺固定套管的固定刻度与微分筒的可动刻度如图 2-27 所示。

3）读数方法

外径千分尺的读数 = 固定套管主尺读数 + 微分筒上读数，其读数示例如图 2-28 所示。

如图 2-28（a）所示，固定套管主尺读数：12 mm；

微分筒读数：

$$24.0(需估读 1 位)×0.01(分度值)=0.240（mm）$$

测量值：

$$12+0.240=12.240（mm）$$

如图 2-28（b）所示，固定套管主尺读数：32.5 mm；

微分筒读数：

$$15.1(需估读 1 位)×0.01(分度值)=0.151（mm）$$

测量值：

$$32.5+0.151=32.651（mm）$$

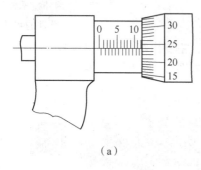
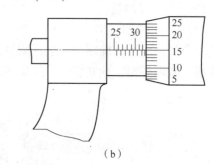

（a）　　　　　　　　　　　　　　（b）

图 2-28　外径千分尺读数示意图

（a）读数示例 1；（b）读数示例 2

4）注意事项

①微分筒旋钮和微调旋钮在转动时不能过分用力。

②转动微分筒旋钮，当测微螺杆测头接近被测工件时，要改用旋转微调旋钮接触被测工件，不能直接旋转微分筒测量工件。

③当测微螺杆与小砧卡住被测工件或锁住锁紧装置时，不能强行转动微分筒。

④有些外径千分尺为了防止手温使尺架膨胀产生微小的误差，测量时应手握隔热装置，尽量减少手和千分尺金属部分接触。

⑤外径千分尺使用完毕，应用布擦干净，在测微螺杆和小砧的测量面间留出空隙，放入盒中。

如长期不使用，则应在测量面上涂上防锈油，置于干燥处。注意不能让它接触腐蚀性的气体。

（3）立式光学计

1）立式光学计简介

立式光学计又称光学比较仪，其是利用光学杠杆的放大原理，将微小的位移量转换为光学影像的移动，是一种高精度光学机械式仪器。其主要利用量块与零件相比较的方法来测量物体外形的微差尺寸，是测量精密零件的常用测量器具。数字式立式光学计结构如图 2－29 所示。

用立式光学计测量
零件的实际尺寸

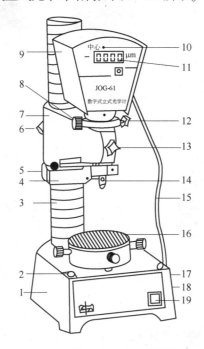

图 2－29 数字式立式光学计结构

1—底座；2—工作台安置螺孔；3—立柱；4—提升器；5—升降螺母；6—横臂固紧螺钉；7—横臂；
8—微动螺钉；9—光学计管；10—中心零位指示；11—数显窗；12—光学计管固紧螺钉；13—固紧螺钉；
14—测帽；15—电缆；16—可调工作台；17—电源插座；18—电缆插座；19—置零按钮

该仪器的主要技术参数：

被测件最大长度：180 mm；

直接测量范围：≥±0.1 mm；

最小显示值：0.1 μm；

测量力：(2±0.2) N；

示值变动性：0.1 μm；

最大测量误差：±(0.5+L/100) μm（L 为被测长度）。

2）测量原理

用立式光学比较仪测量零件，一般是按比较测量的方法进行的，即先将量块组放在仪器的测头与工作台面之间，以量块尺寸 L 调整仪器的指示表到达零位，再将工件放在测头与工作台面之间，从指示表上读出指针对零位的偏移量，即工件高度对量块尺寸的差值 ΔL，则

被测工件的高度为 $L_\text{实} = L + \Delta L$，如图 2 – 30 所示。

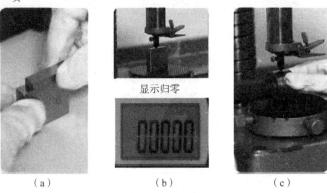

|（a）|（b）|（c）|

显示归零

00000

数据处理：$L_\text{实} = L + \Delta L$

图 2 – 30　数字式立式光学计测量原理图

（a）组合量块；（b）显示归零；（c）测量工件

3）测量步骤

①在确保用电安全的前提下，接通电源，将仪器打开。

②根据被测工件的尺寸、精度等级等技术要求，选择合适的标准件。

③将被测件与标准件清洗干净，放在案桌上同时等温。

④将选好的标准件放在仪器工作台上调零。

⑤调零结束后取下标准件，放入被测件找到测量位置，从视窗中直接读出偏差示值。

4）注意事项

①测量完后关闭电源。

②松开仪器的坚固装置，使仪器处于自由状态。

③将标准件、附件清洗涂油。

④将仪器清理好，罩上防尘罩。

⑤放置标准件与被测件时要戴好手套或用镊子夹取并轻拿轻放。

塞规和卡规检验

（4）塞规和卡规检验

光滑极限量规是指被检验工件为光滑孔或光滑轴所用的极限量规的总称。它是一种无刻度的定值检验量具，属于专用量具的范畴。用光滑极限量规检验零件时，只能判断零件是否在规定的验收极限范围内，而不能测出零件实际尺寸和形位误差的数值。量规结构设计简单，使用方便、可靠，检验零件的效率高，因此，在机械制造行业大批量生产中应用广泛。

光滑极限量规分为塞规和卡规，两种量规都有通规与止规之分，通常是成对使用的。

塞规是用来检验孔的。它的通规是根据被检孔的下（最小）极限尺寸确定的，作用是防止孔的作用尺寸小于孔的下（最小）极限尺寸；止规是按被测孔的上（最大）极限尺寸设计制造的，作用是防止孔的实际尺寸大于孔的上（最大）极限尺寸。检验孔时，塞规的通规应通过被检孔，表示被测孔作用尺寸大于下极限尺寸；塞规的止规应不通过被检孔，表示被测孔实际尺寸小于上极限尺寸，即说明孔的实际尺寸在规定的极限尺寸范围之内，如图 2-31 所示。

卡规是检验轴用的极限量规。卡规的通端是按轴的上（最大）极限尺寸来设计的，作用是防止轴的作用尺寸大于轴的上（最大）极限尺寸；止端是按轴的下（最小）极限尺寸设计的，作用是防止轴的实际尺寸小于轴的下（最小）极限尺寸。在检验轴时，卡规的通规应通过被测轴，表示被测轴作用尺寸小于上极限尺寸；卡规的止规应不通过被测轴，表示被测轴实际尺寸大于下极限尺寸，即说明轴的实际尺寸在规定的极限尺寸范围之内，如图 2-32 所示。卡规的结构形式很多，图 2-33 分别给出了几种常用的轴用卡规的结构形式。

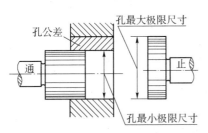
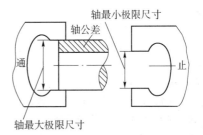

图 2-31　孔用塞规检验示意图　　　　图 2-32　轴用卡规检验示意图

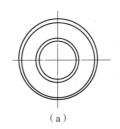
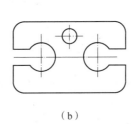
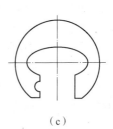

(a)　　　　　　　　(b)　　　　　　　　(c)

图 2-33　轴用卡规结构示意图

(a) 环规（1~100 mm）；(b) 双头卡规（3~10 mm）；(c) 单头双极限卡规（1~80 mm）

2. 传动轴尺寸检测

以图 2-1 所示传动轴零件图为例，结合被测工件的外形、被测量位置、尺寸的大小和公差等级、生产类型、具体检测条件等因素，确定传动轴尺寸检测的测量方案。

（1）尺寸检测方案

①$\phi 20_{-0.028}^{-0.007}$ mm 的尺寸检测：可用量程范围为 0~25 mm 的外径千分尺测量，也可用立式光学计测量，测量结果与其值比较，做出合格性的判断。

②$\phi 25_{-0.028}^{-0.007}$ mm、$\phi 28_{-0.028}^{-0.007}$ mm 的尺寸检测：可用量程范围为 25~50 mm 的外径千分尺测量，也可用立式光学计测量，测量结果分别与其值比较，做出合格性判断。

③键槽尺寸：可用量程范围为 0~25 mm 的外径千分尺来测量键槽的深度，测量结果分别与 $16.5_{-0.2}^{0}$ mm、$24_{-0.2}^{0}$ mm 比较，做出合格性的判断；可用内测千分尺来检测键槽的宽度尺寸，测量结果分别与 $6_{0}^{+0.030}$ mm、$8_{0}^{+0.036}$ mm 比较，做出合格性判断。为了方便起见，也可用键槽塞规来检验键槽的宽度是否合格。

（2）$\phi 20^{-0.007}_{-0.028}$轴径的测量（见表 2－12）

表 2－12　$\phi 20^{-0.007}_{-0.028}$ mm 轴径的测量

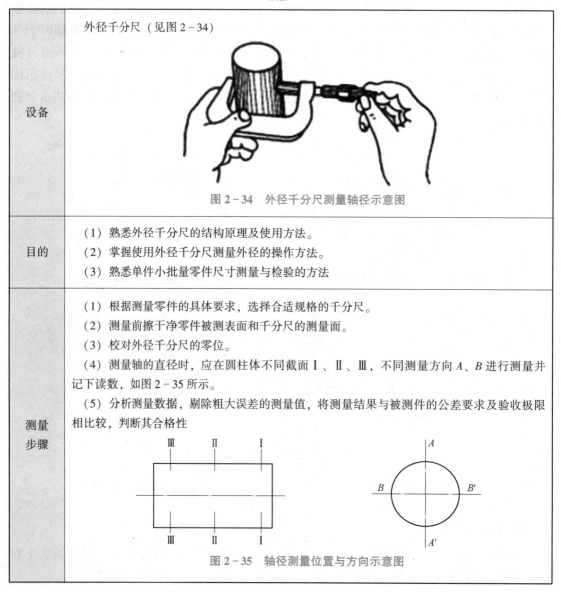

设备	外径千分尺（见图 2－34） 图 2－34　外径千分尺测量轴径示意图
目的	（1）熟悉外径千分尺的结构原理及使用方法。 （2）掌握使用外径千分尺测量外径的操作方法。 （3）熟悉单件小批量零件尺寸测量与检验的方法
测量步骤	（1）根据测量零件的具体要求，选择合适规格的千分尺。 （2）测量前擦干净零件被测表面和千分尺的测量面。 （3）校对外径千分尺的零位。 （4）测量轴的直径时，应在圆柱体不同截面Ⅰ、Ⅱ、Ⅲ，不同测量方向 A、B 进行测量并记下读数，如图 2－35 所示。 （5）分析测量数据，剔除粗大误差的测量值，将测量结果与被测件的公差要求及验收极限相比较，判断其合格性 图 2－35　轴径测量位置与方向示意图

（3）$\phi 25^{-0.007}_{-0.028}$轴径的测量（见表 2－13）

表 2－13　$\phi 25^{-0.007}_{-0.028}$轴径的测量

设备	立式光学计（见图 2－36）
目的	（1）熟悉立式光学计的结构原理及使用方法。 （2）掌握使用立式光学计测量轴径的操作方法。 （3）掌握量块的使用方法与操作注意事项。 （4）熟悉单件小批量零件尺寸测量与检验的方法

测量 步骤	（1）测帽的选择。 立式光学计有球面、平面和刀口形三种测帽。 选择原则：被测工件与测帽接触面积最小，接近于点或线接触以减小其测量误差。 当测量零件厚度（平面）时应选择球面测帽，当测量球径时应选择平面测帽，当测量轴径 （圆柱面）时应选择刃形或平面测帽。 （2）标准尺寸组合。 选择不同的量块尺寸组合为被测公称尺寸，即标准尺寸，选择量块时，数量不宜过多，一 般不超过4块。 （3）将研合的量块组与被测轴一起等温。 等温所需的时间一般与被测零件的尺寸、室内温度的稳定性有关，一般为1 h。 （4）调整零位。 将量块组放在工作台上，首先调整光学计立柱的升降螺母，使测头的高度略高于量块上表 面，锁紧升降螺母。旋转微调旋钮，将测头缓缓放到量块上表面，避免冲击，待调零指示灯 亮后按下"reset"归零按钮，显示屏显示数值为0，完成仪器调零，测头的此位置为零位， 取下量块组，如图2-32所示。 （5）确定被测尺寸。 在测量过程中，通过来回推动零件找到最大回转点，并读出该点示值。此示值即为实际尺 寸与公称尺寸的偏差，取Ⅰ、Ⅱ、Ⅲ不同截面，分别在0°～180°、90°～270°两个方向进行测 量，见图2-35，将测量结果与被测件的公差要求及验收极限相比较，判断其合格性  图2-36　立式光学计测量轴径示意图-调整零位

（4）键槽的测量（见表2-14）

表2-14　键槽的测量

设备	外径千分尺（图2-37）、内测千分尺（图2-38）
目的	（1）熟悉外径千分尺、内测千分尺的结构原理及使用方法。 （2）掌握使用外径千分尺测量键槽深度、内测千分尺测量键槽宽度的操作方法。 （3）熟悉键槽尺寸的检验方法

续表

测量步骤	键槽深度的测量采用外径千分尺，外径千分尺的测量步骤之前已经阐述，在此不做重复，测量方法见图 2-37。将测量结果与被测件的公差要求及验收极限相比较，判断其合格性 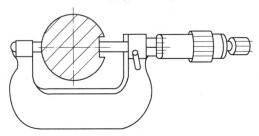 图 2-37　外径千分尺测量槽深示意图 内测千分尺，如图 2-38 所示，用于测量小尺寸内径和内侧面槽的宽度。其特点是容易找正内键槽宽度，测量方便。国产内测千分尺的读数值为 0.01 mm，测量范围有 5~30 mm 和 25~50 mm 两种。内测千分尺的读数方法与外径千分尺相同，只是套筒上的刻线尺寸与外径千分尺相反，另外它的测量方向和读数方向也都与外径千分尺相反，具体测量位置与方向如图 2-39 所示。将测量结果与被测件的公差要求及验收极限相比较，判断其合格性 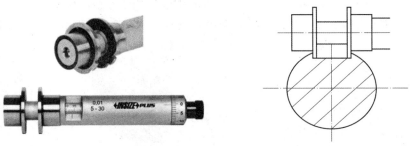 图 2-38　内测千分尺测量槽宽示意图
测量示意图	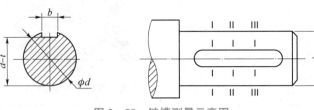 图 2-39　键槽测量示意图

2.4　项目拓展

分析如图 2-40 所示输出轴零件的尺寸公差，结合所学知识，确定该零件的尺寸检测方案。

项目拓展案例解析

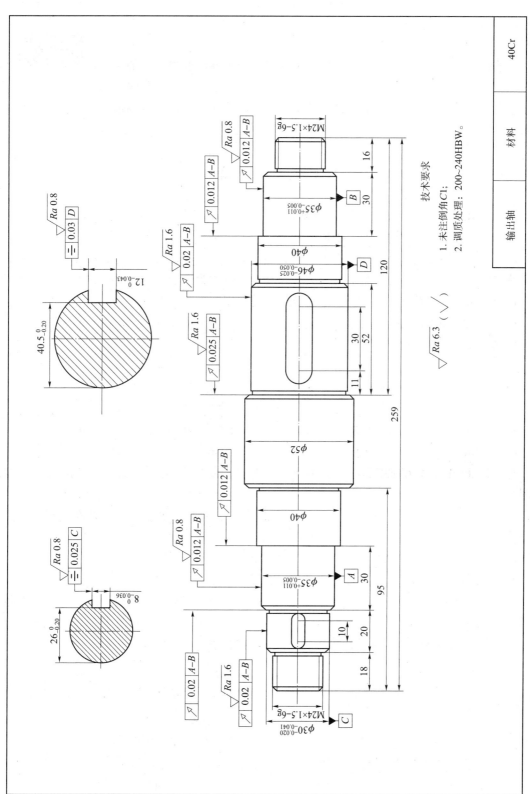

图 2－40　输出轴零件图

技术要求
1. 未注倒角C1;
2. 调质处理: 200~240HBW。

| 输出轴 | 材料 | 40Cr |

同学们：对机械零件提出尺寸、形位公差和表面粗糙度要求，目的是使其容易加工而又不影响产品的使用性能。这些加工要求就需要我们有强烈的责任心和深厚的专业底蕴，抱着对产品质量负责、对社会负责的态度谨慎选择和设法保证。

思考与习题 2

1-1 GB 在公称尺寸至 500 mm 内规定了_____个标准公差等级。

1-2 允许尺寸变化的两个界限值分别是_____和_____。

1-3 某一尺寸减其公称尺寸所得的代数差称为_____。其中，上极限尺寸与公称尺寸的偏差称为_____，下极限尺寸与公称尺寸的偏差称为_____。

1-4 孔的上偏差用_____表示，孔的下偏差用_____表示。

1-5 确定公差带的两个要素分别是_____和_____。

1-6 基本偏差是指_____。

1-7 按孔公差带和轴公差带相对位置不同，配合分为_____、_____和_____。

1-8 基孔制配合中孔称为_____，其基本偏差为_____，代号为_____。

1-9 基准制的选择时，一般情况下优先采用_____。

1-10 利用标准公差和基本偏差数值表，查出公差代号中的上、下极限偏差。

(1) $\phi28H7$ (2) $\phi40M8$ (3) $\phi35js6$ (3) $\phi50t6$

1-12 已知尺寸为 $\phi30_{-0.033}^{0}$ mm 的轴，求其极限尺寸与尺寸公差，并画出尺寸公差带图。

1-13 查出下列配合中孔和轴的上、下极限偏差，并画出公差带图，判断其配合性质并计算配合特征参数。

(1) $\phi40H8/f7$ (2) $\phi40H8/js7$ (3) $\phi40H8/t7$

1-14 简述公差等级、基准制、配合性质的选用原则。

1-15 已加工一批零件，设计尺寸 120 mm±0.1 mm，实测得其中最大值（即最大实际尺寸）为 120.2 mm，最小值（即最小实际尺寸）为 119.8 mm，那么，这批零件是否全部合格？试分析这批零件的合格情况，并计算这批零件的公差值。

曲轴公差配合分析与检测

1. 掌握各项形位公差的含义、特点及其标注；
2. 掌握普通螺纹接合的公差和测量；
3. 具有对典型曲轴变零件进行公差配合分析和检测方案设计与实施测量的能力。

主要知识点

1. 形位公差的标注；
2. 形位公差及公差带；
3. 形位误差的检测；
4. 公差原则；
5. 形位公差的选用；
6. 螺纹的基本参数、公差与配合；
7. 普通螺纹的检测。

3.1　项目任务卡

　　曲轴通过与连杆连接，将连杆的往复移动转化为曲轴的转动，在工作中，曲轴主要承受连杆传来的力，并将力转变为转矩通过曲轴输出并驱动其他零件工作。同时，曲轴受到旋转质量的离心力、周期变化的气体惯性力和往复惯性力的共同作用，使其承受弯曲扭转载荷的作用。因此，在实际工作中对曲轴不仅有强度和刚度的要求，同时对其形状和位置及表面质量也提出相关要求，使其有足够的强度、刚度；轴颈表面需耐磨、工作均匀、平衡性好。图 3-1 所示为某内燃机中的曲轴。

3.2　知识链接

　　形位公差是形状公差和位置公差的简称，它与尺寸公差一样，都属于几何公差。

　　形位公差是对机器零件形位误差的一种限制，如同尺寸公差是对尺寸误差的限制一样；

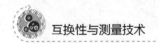
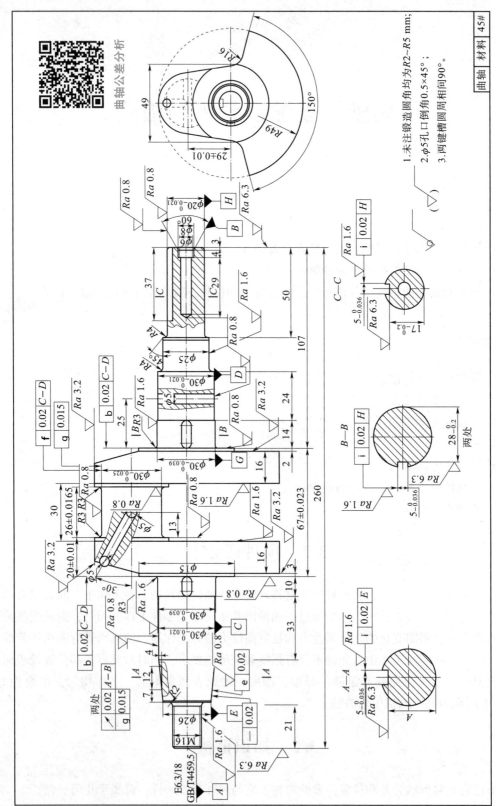

图 3-1 曲轴零件图

零件在加工过程中会产生或大或小的形状误差和位置误差（简称形位误差），这些误差会影响机器、仪器仪表、刀具、量具等各种机械产品的工作精度、连接强度、运动平稳性、密封性、耐磨性和使用寿命等，甚至还与机器在工作时的噪声大小有关。因此，为了保证机械产品的质量，保证零部件的互换性，应给定形状公差和位置公差（简称形位公差），以限制其形位误差。

几何公差研究对象及符号

3.2.1　形位公差概述

1. 形位公差研究对象

形位公差的研究对象是构成零件几何特征的点、线、面等几何要素（简称要素），也就是构成具有一定形状和大小的形体的点要素、线要素和面要素的统称。如图 3－2（a）所示零件的球面、圆锥面、圆柱面、端平面、轴线和球心均为该零件的几何要素，图 3－2（b）所示的矩形槽的中心平面为该零件的几何要素之一。

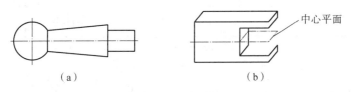

图 3－2　零件的几何要素

(a) 点、线、面；(b) 中心平面

几何要素可以从不同角度来分类：

（1）按结构特征分

轮廓要素：构成零件外形的点、线、面各要素，如图 3－2 中的球面、圆锥面、圆柱面、端平面、圆锥面和圆柱面的素线。

中心要素：轮廓要素对称中心所表示的点、线、面各要素，如图 3－2 中的轴线、球心。

（2）按存在状态分

实际要素：零件上实际存在的要素，显然它们是存在误差的要素，实际要素的状态要通过测量来确定。

理想要素：具有几何学意义的要素，也即几何的点、线、面。机械零件图样投影图表示的要素均为理想要素。

理想要素不存在任何误差（实际上并不能得到，只是想象中存在），但理想要素的实用意义仍毋庸置疑，即可以用理想要素与实际要素作比较，以评定实际要素对理想要素的偏离量（即误差）。

（3）按所处地位分

被测要素：在图样上给出了形状或（和）位置公差要求的要素，是检测的对象。

基准要素：用来确定被测要素方向或（和）位置的要素。基准要素分为理想基准要素和实际基准要素，实际基准要素就是零件上被设计师指定作为基准的要素，它含有一定的形状误差。理想基准要素是与实际基准要素最大限度地接近，认为不存在形状误差，真正用它来确定被测要素方位的基准要素。理想基准要素简称基准，是确定要素间几何关系的依据。

（4）按功能关系分

单一要素：仅对要素自身提出形状公差要求的要素。

关联要素：与其他要素有功能关系，即要求要素与要素间必须满足的方向和位置关系，比如平行、垂直和同轴等关系。

2. 形位公差的项目和含义

国标对形位公差规定了 14 个项目，其名称和符号如表 3 - 1 所示。

表 3 - 1　形位公差特征项目的名称及符号

公差		特征	符号	有或无基准要求	公差		特征	符号	有或无基准要求
形状	形状	直线度	—	无	位置	方向	平行度	//	有
		平面度	▱	无			垂直度	⊥	有
		圆度	○	无			倾斜度	∠	有
		圆柱度	⌀	无		位置	位置度	⊕	有或无
形状或位置	轮廓	线轮廓度	⌒	有或无			同轴（同心）度	◎	有
							对称度	=	有
		面轮廓度	⌓	有或无		跳动	圆跳动	↗	有
							全跳动	↗↗	有

形位公差是指被测实际要素的允许变动量。因此，形状公差是指单一实际要素的形状所允许的变动量，位置公差是指关联实际要素的位置对基准所允许的变动量。

3. 形位公差的公差带

形位公差带是用来限制被测要素变动的区域。它是一个空间区域，只要被测要素完全落在给定的公差带内，就表示该要素的形状和位置符合要求。

形位公差带具有形状、大小、方向和位置四个要素。公差带的形状由被测要素的理想形状和给定的公差特征项目所确定。常见的形位公差带的形状如图 3 - 3 所示。公差带的大小由公差值 t 确定，指的是公差带的宽度或直径。形位公差带的方向和位置有两种情况：公差带的方向或位置可以随实际被测要素的变动而变动，没有对其他要素保持一定的几何关系的要求，这时公差带的方向或位置是浮动的；若形位公差带的方向或位置必须和基准要素保持一定的几何关系，则通常是固定的。所以，位置公差（标有基准）的公差带方向和位置一般是固定的，形状公差（未注基准）的公差带方向和位置一般是浮动的。

4. 形位公差的标注方法

（1）被测要素的标注方法

对被测要素的形位精度要求，通常采用框格代号标注，只有在无法采用公差框格标注（例如，现在的公差项目无法表达，或者采用框格代号标注过于复杂）时，才允

几何公差的标注方法

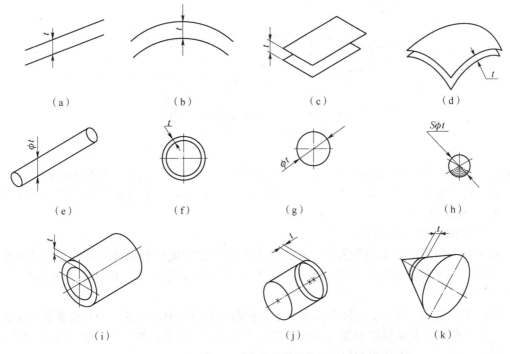

图 3-3　形位公差带的形状

（a）两平行直线；（b）两等距曲线；（c）两平行平面；（d）两等距曲面；（e）圆柱面；（f）两同心圆；

（g）一个圆；（h）一个球；（i）两同心圆柱面；（j）一段圆柱面；（k）一段圆锥面

许用文字说明。

公差框格有两格、三格、四格和五格几种形式。按规定，从框格的左边起，第一格填写公差项目符号，第二格填写公差值，从第三格起填写代表基准的字母。图 3-4（a）所示为两格的填写方法示例，图 3-4（b）所示为五格的填写示例。本例中基准字母 A、B、C 依次表示第一、第二、第三基准，必须指出：基准的顺序并非一定按字母在字母表中的顺序，而是按字母在公差框格中的顺序来区分。

图 3-4　公差框格填写方法示例

（a）两格填写方法；（b）五格填写方法

公差框格用指引线与有关的被测要素联系起来，指引线可以从框格的左端如或右端引出，必须垂直于框格，而引向被测要素时可以折弯，但不得多于两次，应用示例如图 3-5 所示。

指引线的箭头引向被测要素时，必须注意以下两点：

①区分被测要素是轮廓要素还是中心要素。当被测要素为轮廓要素时，箭头应指在可见轮廓线或其引出线上，如图 3-5（a）所示；当被测要素为中心要素时，指引线的箭头应与该要素的尺寸线对齐，如图 3-5（b）所示。

②区分指引线的箭头指向是公差带宽度方向还是直径方向。当指引线的箭头指向公差带

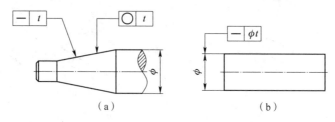

（a）　　　　　　　　　　　　（b）

图 3-5　公差框格指引线应用示例

（a）轮廓要素；（b）中心要素

的宽度方向时，如图 3-5（a）所示，形位公差值只注数字。当指引线的箭头指向公差带的直径方向时，如图 3-5（b）所示，形位公差值前加注"ϕ"；若公差带为球面，则在形位公差值前加注"$S\phi$"。

（2）基准要素的标注方法

对于有方向或位置要求的要素，在图样上必须用基准代号表示被测要素与基准要素之间的关系。基准代号由基准符号、方框、连线和相应的字母组成，并且字母应水平书写，如图 3-6 所示。

在标注基准代号时，也应区分基准要素是轮廓要素还是中心要素。当基准要素为轮廓要素时，基准符号应紧靠轮廓要素或其引出线，如图 3-6 所示；当基准要素为中心要素时，基准符号的连线应与该要素的尺寸线对齐，如图 3-7 所示。

图 3-6　轮廓要素的基准符号与基准代号标注　　　图 3-7　中心要素的基准符号与基准代号标注

（3）形位公差的其他标注方法

形位公差的其他标注方法见表 3-2。

表 3-2　形位公差的其他标注方法

含义	举例
对同一要素有一项以上的形位公差要求，其标注方法又一致时，可将框格并在一起	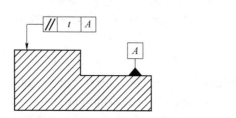

含义	举例
对不同要素有同样的形位公差要求，但具有各自独立的公差带时，可用一个框格标注	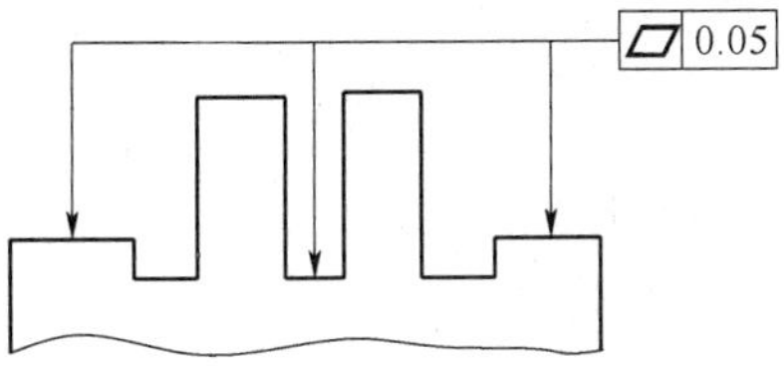
上述标注若受地方限制，也可以将形位公差框格与箭头分开，并用字母表示被测要素	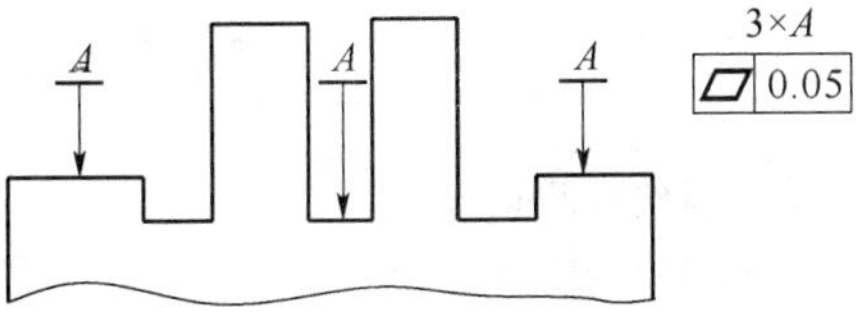
若要求各被测要素具有公共的公差带，则应在公差框格的上方标注"共面"或"公共公差带"	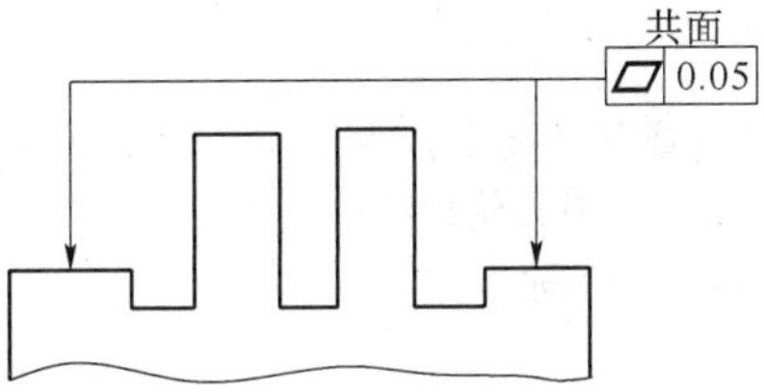
当被测要素为整个视图上的轮廓线（面）时，应在指引线的转折处加注全周符号	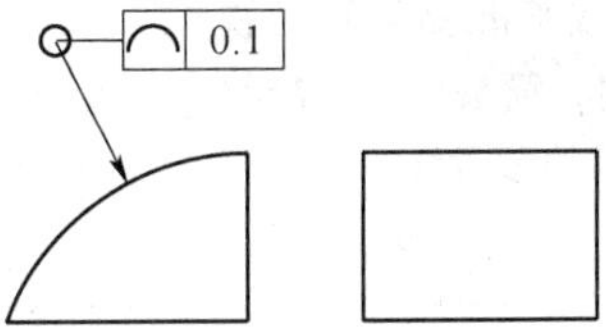
对被测要素任意局部范围内的公差要求（如右图中在任意 100 mm 长度内的直线度、在任意边长为 100 mm 的正方形范围内的平面度）	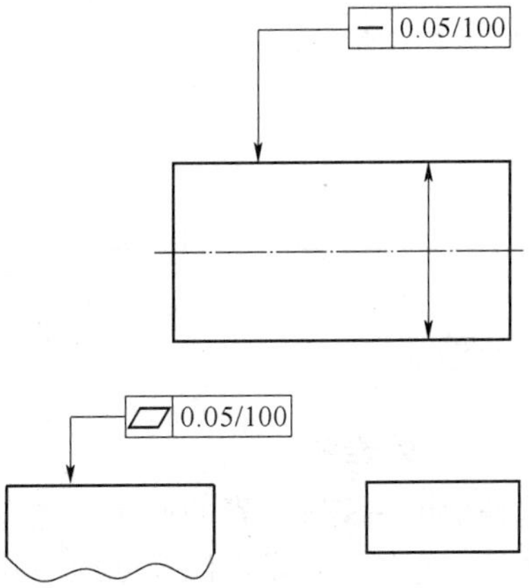

续表

含义	举例
只允许从左向右减小（▷）；只允许从右向左减小（◁）	
只允许从中间向材料外凸起（+）；只允许从中间向材料内凹下（−）	
当被测要素（或基准要素）为局部表面且在视图上表现为轮廓线时，可用粗点画线表示其范围	
当被测要素（或基准要素）为视图上的局部表面时，箭头（或基准符号）可指向带圆点的参考线	
对具有对称形状的零件上实际无法分辨的两个相同要素间的位置公差，应标注任选基准	

3.2.2 形状公差

1. 形状公差与公差带

形状公差是指单一实际要素的形状所允许的变动全量。形状公差带是限制实际被测要素变动的一个区域，它的特点是不涉及基准，其方向和位置随实际要素不同而浮动。形状公差带的定义、标注和解释见表 3−3。

形状公差带

表 3-3　形状公差带的定义、标注和解释

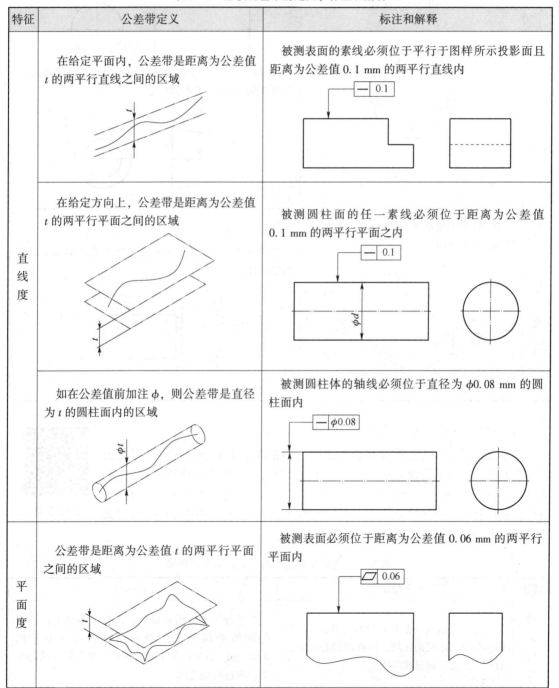

特征	公差带定义	标注和解释
直线度	在给定平面内，公差带是距离为公差值 t 的两平行直线之间的区域	被测表面的素线必须位于平行于图样所示投影面且距离为公差值 0.1 mm 的两平行直线内
	在给定方向上，公差带是距离为公差值 t 的两平行平面之间的区域	被测圆柱面的任一素线必须位于距离为公差值 0.1 mm 的两平行平面之内
	如在公差值前加注 ϕ，则公差带是直径为 t 的圆柱面内的区域	被测圆柱体的轴线必须位于直径为 $\phi 0.08$ mm 的圆柱面内
平面度	公差带是距离为公差值 t 的两平行平面之间的区域	被测表面必须位于距离为公差值 0.06 mm 的两平行平面内

特征	公差带定义	标注和解释
圆度	公差带是在同一正截面上，半径差为公差值 t 的两同心圆之间的区域	被测圆柱面任一正截面的圆周必须位于半径差为公差值 0.02 mm 的两同心圆之间 被测圆锥面任一正截面的圆周必须位于半径差为公差值 0.01 mm 的两同心圆之间
圆柱度	公差带是半径差为公差值 t 的两同轴圆柱面之间的区域	被测圆柱面必须位于半径差为公差值 0.05 mm 的两同轴圆柱面之间

2. 轮廓度公差与公差带

轮廓度公差分为线轮廓度和面轮廓度。当轮廓度无基准要求时为形状公差，有基准要求时为位置公差。轮廓度公差带的定义、标注和解释见表 3 - 4。无基准要求时，其公差带的形状只由理论正确尺寸（带方框的尺寸）确定，其位置是浮动的；有基准要求时，其公差带的形状与位置由理论正确尺寸和基准确定，公差带的位置是固定的。

轮廓度公差带

表 3 - 4　轮廓度公差带的定义、标注和解释

特征	公差带定义	标注和解释
线轮廓度	公差带是包络一系列直径为公差值 t 的圆的两包络线之间的区域，诸圆的圆心位于具有理论正确几何形状的线上	在平行于图样所示投影面的任一截面上，被测轮廓线必须位于包络一系列直径为公差值 0.04 mm，且圆心位于具有理论正确几何形状的线上的两包络线之间

续表

特征	公差带定义	标注和解释
线轮廓度	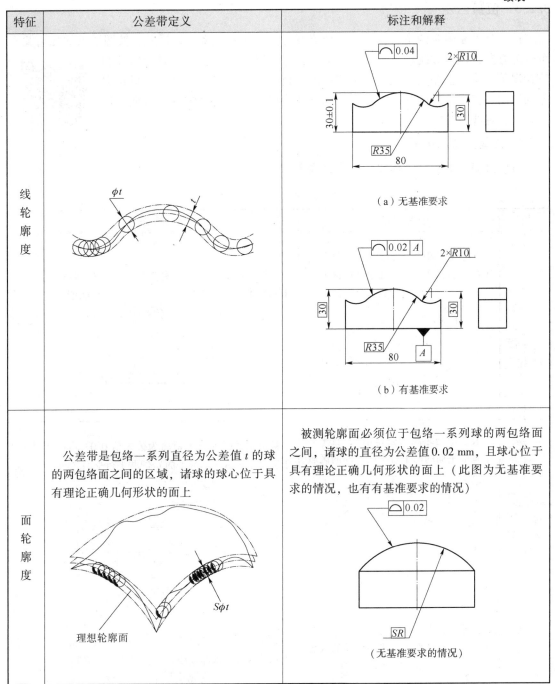	（a）无基准要求 （b）有基准要求
面轮廓度	公差带是包络一系列直径为公差值 t 的球的两包络面之间的区域，诸球的球心位于具有理论正确几何形状的面上 理想轮廓面　　$S\phi t$	被测轮廓面必须位于包络一系列球的两包络面之间，诸球的直径为公差值 0.02 mm，且球心位于具有理论正确几何形状的面上（此图为无基准要求的情况，也有有基准要求的情况） （无基准要求的情况）

形状公差小结：

　　形状公差带只用于控制被测要素的形状误差，不与其他要素发生关系。形状误差的检测是确定被测实际要素偏离其理想要素的最大变动量，而理想要素的位置要按最小条件确定。形状误差值用包容实际要素的最小区域的宽度或直径来表示，确定轮廓度误差值的最小区域要以理想要素为对称中心。

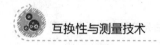

3.2.3 位置公差

位置公差是限制两个或两个以上要素在方向和位置关系上的误差，按照要求的几何关系可分为方向、位置和跳动三类公差。方向公差控制方向误差；位置公差控制位置误差；跳动公差是以检测方式定出的项目，具有一定的综合控制形位误差的作用。三类公差的共同特点是以基准作为确定被测要素的理想方向、位置和回转轴线。

1. 方向公差与公差带

方向公差带的定义、标注和解释见表 3-5。

方向公差带

表 3-5　方向公差带的定义、标注和解释

特征		公差带定义	标注和解释
平行度	面对面	公差带是距离为公差值 t，且平行于基准面的两平行平面之间的区域 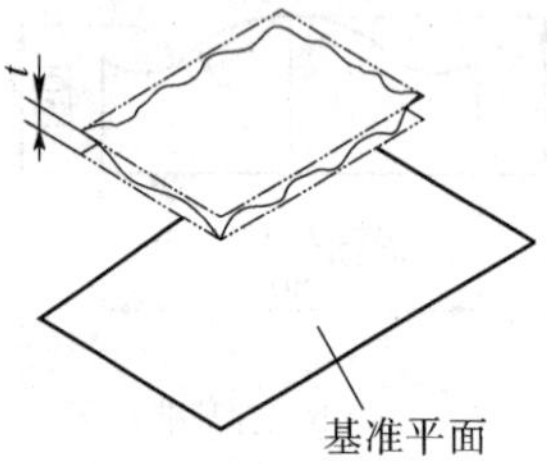	被测表面必须位于距离为公差值 0.05 mm，且平行于基准表面 A（基准平面）的两平行平面之间 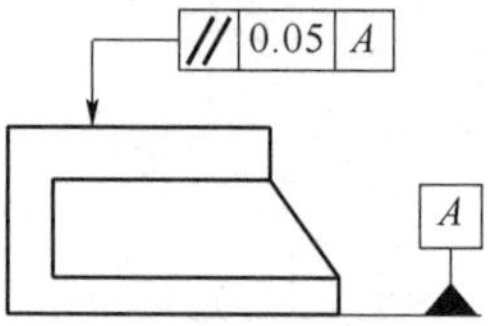 // 0.05 A
	线对面	公差带是距离为公差值 t，且平行于基准平面的两平行平面之间的区域 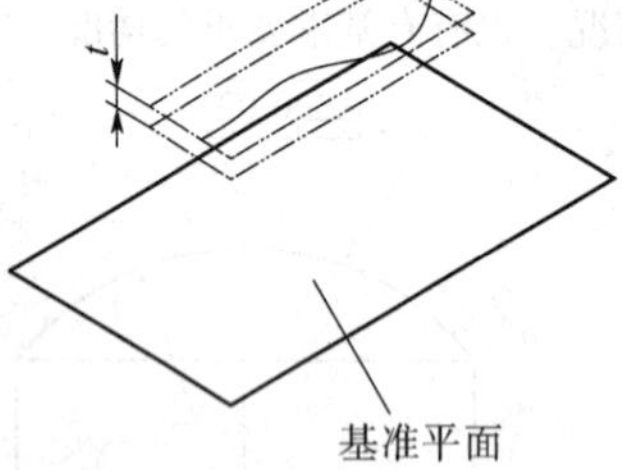	被测轴线必须位于距离为公差值 0.03 mm，且平行于基准表面 A（基准平面）的两平行平面之间 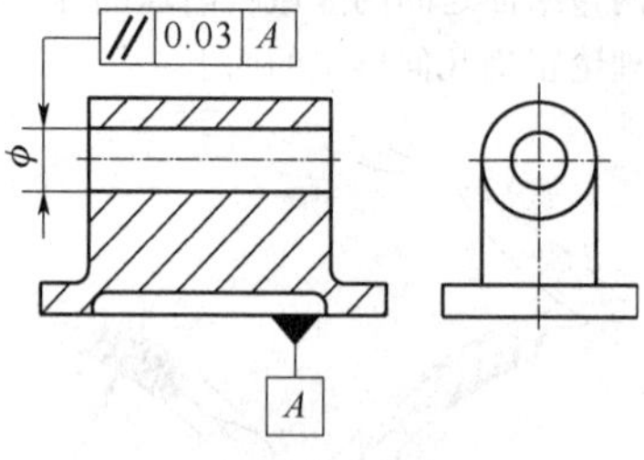 // 0.03 A
	面对线	公差带是距离为公差值 t，且平行于基准轴线的两平行平面之间的区域 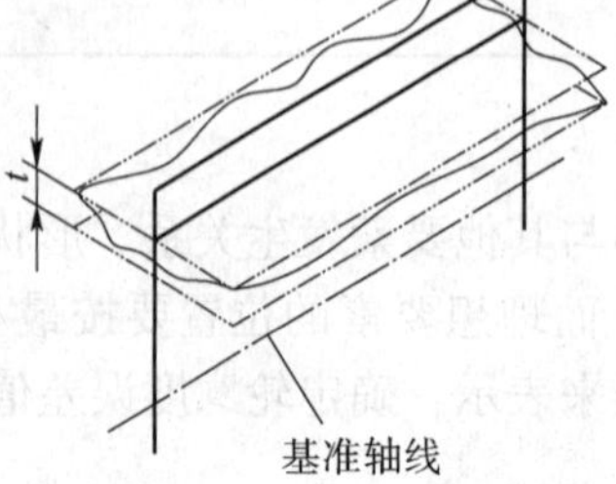	被测表面必须位于距离为公差值 0.05 mm，且平行于基准线 A（基准轴线）的两平行平面之间 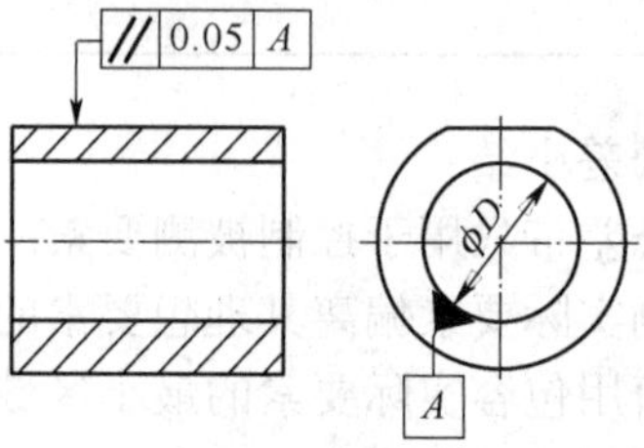 // 0.05 A

续表

特征		公差带定义	标注和解释
平行度	线对线	公差带是距离为公差值 t，且平行于基准线，并位于给定方向上两平行平面之间的区域	被测轴线必须位于距离为公差值 0.1 mm，且在给定方向上平行于基准轴线的两平行平面之间
		如在公差值前加注"ϕ"，公差带是直径为公差值 t，且平行于基准线的圆柱面内的区域	被测轴线必须位于直径为公差值 0.1 mm，且平行于基准轴线的圆柱面内
垂直度	面对面	公差带是距离为公差值 t，且垂直于基准平面的两平行平面之间的区域	被测面必须位于距离为公差值 0.05 mm，且垂直于基准平面 C 的两平行平面之间

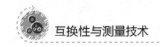

续表

特征		公差带定义	标注和解释
倾斜度	面对线	公差带是距离为公差值 t，且与基准线成一给定角度的两平行平面之间的区域 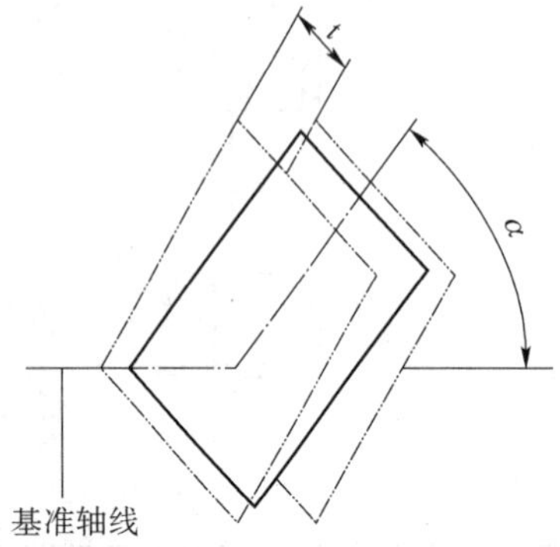	被测表面必须位于距离为公差值 0.1 mm，且与基准线 D（基准轴线）成理论正确角度 75° 的两平行平面之间 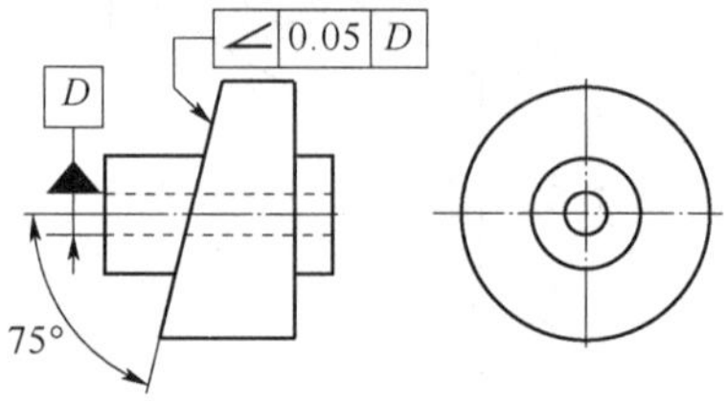

方向公差带是控制被测要素对基准要素在规定方向上的变动量，同时也控制了形状误差。由于合格零件的实际要素相对基准的位置，允许在其尺寸公差内变动，所以方向公差带的位置允许在一定范围内（尺寸公差带内）浮动。

2. 位置公差

位置公差是被测要素对基准要素在位置上允许的变动量。当被测要素和基准都是中心要素，要求重合或共面时，可用同轴度或对称度，其他情况规定位置度。位置公差带的定义、标注和解释见表 3 – 6。

位置公差带

表 3 – 6　位置公差带的定义、标注和解释

特征		公差带定义	标注和解释
同轴度	轴线的同轴度	公差带是直径为公差值 t 的圆柱面内的区域，该圆柱面的轴线与基准轴线同轴 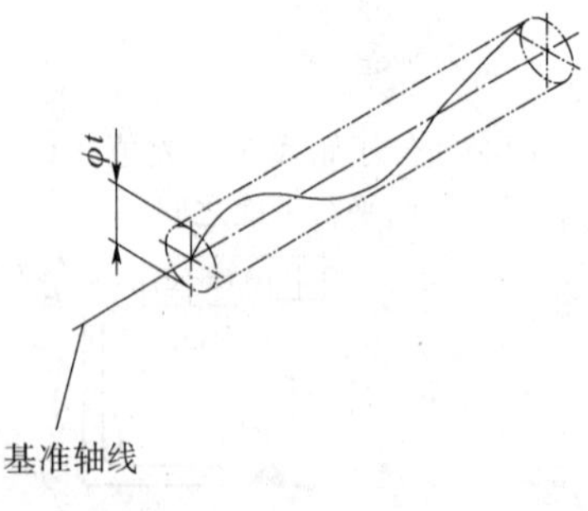	被测轴线必须位于直径为公差值 0.1 mm，且与公共基准 $A-B$（公共基准轴线）同轴的圆柱面内 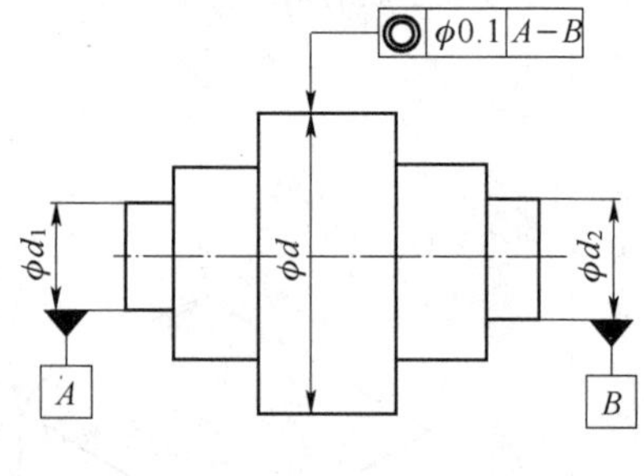

特征		公差带定义	标注和解释
对称度	中心平面的对称度	公差带是距离为公差值 t，且相对于基准中心平面对称配置的两平行平面之间的区域 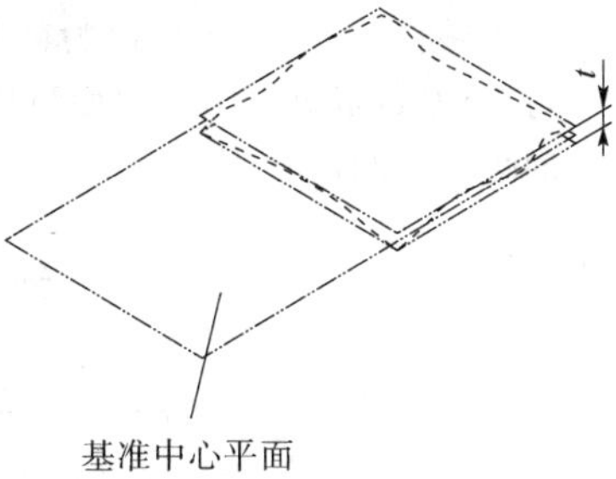	被测中心平面必须位于距离为公差值 0.08 mm，且相对基准中心平面 A 对称配置的两平行平面之间 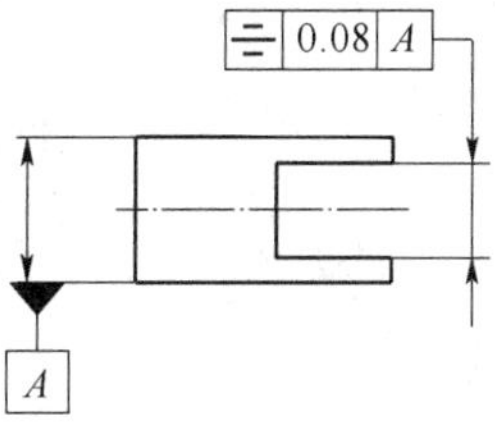
位置度	点的位置度	如公差值前加注 "S"，公差带是直径为公差值 t 的球内的区域，球公差带中心点的位置由相对于基准 A 和 B 的理论正确尺寸确定 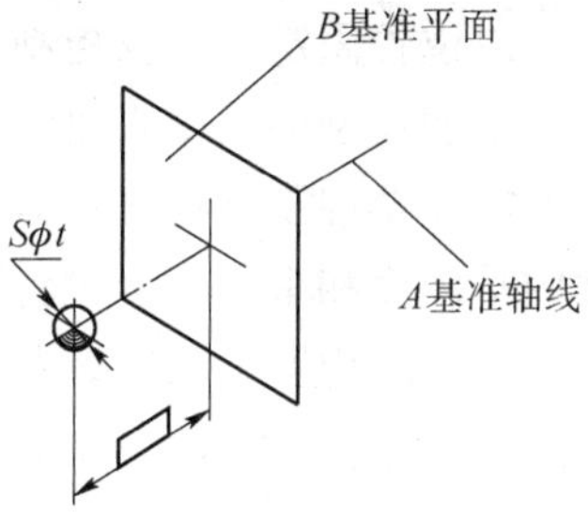	被测球的球心必须位于直径为公差值 0.08 mm 的球内，该球的球心位于相对基准 A 和 B 所确定的理想位置上 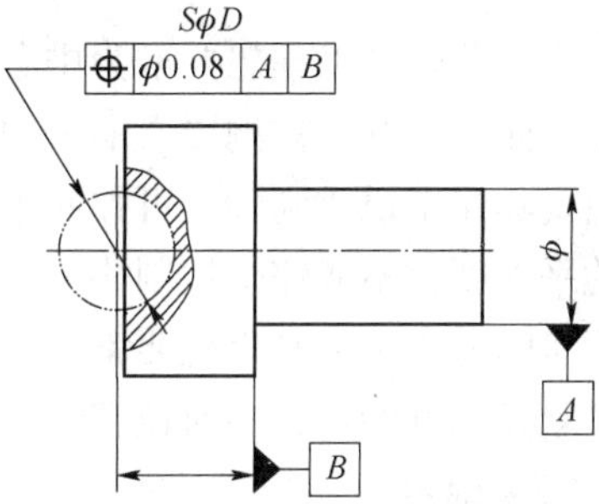
	线的位置度	如公差值前加注 "ϕ"，则公差带是直径为 t 的圆柱面内的区域，公差带轴线的位置由相对于三基面体系的理论正确尺寸确定 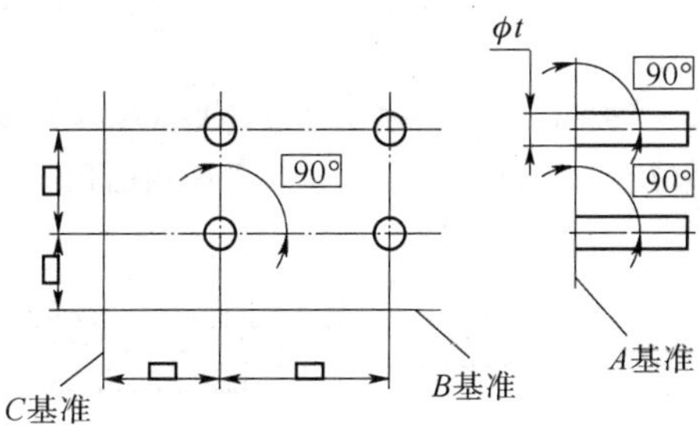	每个被测轴线必须位于直径为公差值 0.1 mm，且以相对于 A、B、C 基准表面（基准平面）所确定的理想位置为轴线的圆柱内 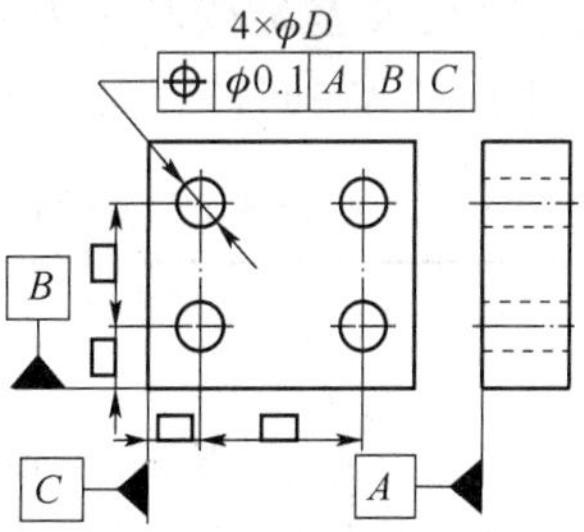 每个被测轴线必须位于直径为公差值 0.1 mm，且以理想位置为轴线的圆柱内 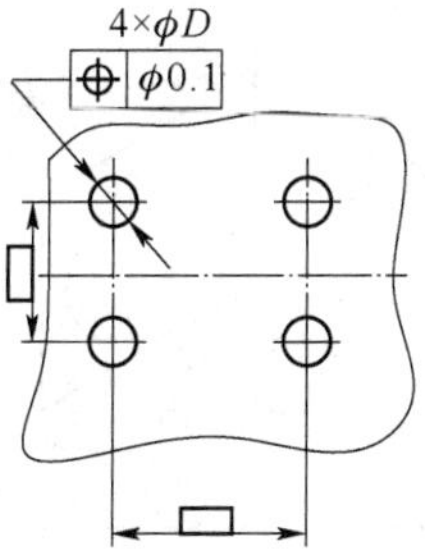

特征		公差带定义	标注和解释
位置度	面的位置度	公差带是距离为公差值 t，中心平面在面的理想位置的两平行平面之间的区域 第二基准 第一基准 α	被测平面必须位于距离为公差值 0.05 mm，与基准轴线成 60°，中心平面距基准 B 为 50 mm 的两平行平面内 50　　B ϕ 60° $\oplus$ 0.05 A B　　A

位置公差带是以理想要素为中心对称布置的，所以位置固定，不仅控制了被测要素的位置误差，而且控制了被测要素的方向和形状误差，但不能控制形成中心要素轮廓要素上的形状误差。具体来说，同轴度可控制轴线的直线度，不能完全控制圆柱度；对称度可以控制中心面的平面度，不能完全控制构成中心面两对称面的平面度和平行度。位置误差的检测是确定被测实际要素偏离其理想要素的最大距离的两倍值，而理想要素的位置对同轴度和对称度来说，就是基准的位置。对位置度来说，可以由基准和理论正确尺寸或尺寸公差（或角度公差）等来确定。

3. 跳动公差

跳动公差是被测实际要素绕基准轴线回转一周或连续回转时所允许的最大跳动量。跳动公差是按测量方式定出的公差项目。跳动误差测量方法简便，但仅限于应用在回转表面。跳动公差带的定义、标注和解释见表 3-7。

跳动公差带

表 3-7　跳动公差带的定义、标注和解释

特征		公差带定义	标注和解释
圆跳动	径向圆跳动	公差带是在垂直于基准轴线的任一测量平面内半径差为公差值 t，且圆心在基准轴线上的两个同心圆之间的区域 基准轴线 测量平面	当被测要素围绕基准线 A（基准轴线）做无轴向移动旋转一周时，在任一测量平面内的径向圆跳动量均不大于 0.05 mm $\nearrow$ 0.05 A ϕd　　ϕd_1 A

特征		公差带定义	标注和解释
圆跳动	端面圆跳动	公差带是在与基准同轴的任一半径位置的测量圆柱面上距离为 t 的圆柱面区域	当被测面绕基准线 A（基准轴线）做无轴向移动旋转一周时，在任一测量圆柱面内的轴向跳动量均不得大于 0.06 mm
	斜向圆跳动	公差带是在与基准轴线同轴的任一测量圆锥面上距离为 t 的两圆之间的区域，除另有规定外，其测量方向应与被测面垂直	当被测面绕基准线 A（基准轴线）做无轴向移动旋转一周时，在任一测量圆锥面上的跳动量均不得大于 0.05 mm
全跳动	径向全跳动	公差带是半径差为公差值 t，且与基准同轴的两圆柱面之间的区域	被测要素围绕基准线 A-B 做若干次旋转，并在测量仪器与工件间同时做轴向移动，此时，在被测要素上各点间的示值差均不得大于 0.2 mm，测量仪器或工件必须沿着基准轴线方向并相对于公共基准轴线 A-B 移动

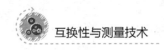

续表

特征		公差带定义	标注和解释
全跳动	端面全跳动	公差带是距离为公差值 t，且与基准垂直的两平行平面之间的区域 基准轴线	被测要素围绕基准线 A 做若干次旋转，并在测量仪器与工件间做径向移动。此时，在被测要素上各点间的示值差均不得大于 0.05 mm，测量仪器或工件必须沿着轮廓具有理想正确形状的线和相对于基准轴线 A 的正确方向移动 ϕd　　$\boxed{0.05\ A}$ $\boxed{A}$

3.2.4　形位误差的检测原则

形位公差的项目较多，加上被测要素的形状和零件上的部位不同，使得形位误差的检测出现各种各样的方法。为了便于准确地选用，国家标准（GB/T 1958-2004）将各种检测方法整理出一套检测方案，并概括出五种检测原则。

第一种检测原则是与理想要素比较的原则，即将被测实际要素与其理想要素相比较，用直接或间接测量法测形位误差值。理想要素用模拟方法获得，如以平板、小平面、光线扫描平面等作为理想平面；以一束光线、拉紧的钢丝或刀口尺等作为理想的直线。根据该原则所测结果与规定的误差定义一致。这是一条基本原则，绝大多数形位误差的检测都应用这个原则。

第二种检测原则是测量坐标值的原则，即测量被测实际要素的坐标值（如直角坐标值、极坐标值、圆柱面坐标值），经过数据处理而获得形位误差值。这项原则适宜测量形状复杂的表面，但数据处理往往十分烦琐。由于可用电子计算机处理数据，故其应用将会越来越广泛。

第三种检测原则是测量特征参数的原则，即测量被测要素上具有代表性的参数来表示形位误差值。这是一条近似的原则，但易于实现，为生产中所常用。

第四种检测原则是测量跳动的原则，即将被测实际要素绕基准轴线回转，沿给定方向测量其对某参考点或线的变动量作为误差值。变动量是指指示器的最大与最小读数之差。这种测量方法简单，多被采用，但只限于回转零件。

第五种检测原则是控制实效边界的原则，一般是用综合量规来检测被测实际要素是否超过实效边界，以判断合格与否，这项原则应用于按最大实体要求规定的形位公差。

1. 形位误差的评定准则

形位误差与尺寸误差的特征不同，尺寸误差是两点间距离对标准值之差，形位误差是实际要素偏离理想状态，且在要素上各点的偏离量又可以不相等的误差。用公差带虽可以将整个要素的偏离值控制在一定区域内，但怎样知道实际要素被公差带控制住了呢？有时就要测量要素的实际状态，并从中找出对理想要素的变动量，再与公差值比较。

（1）形状误差的评定

评定形状误差须在实际要素上找出理想要素的位置。这就要求遵循一条原则，即理想要素的位置符合最小条件。如图 3 - 8（a）所示，实际轮廓存在直线度误差，评定直线度误差可用 Ⅰ、Ⅱ、Ⅲ 三组平行的理想直线包容实际要素，它们的距离分别为 f_1、f_2、f_3。理想直线的位置还可以做出无限个，但其中必有一组平行线之间的距离最小，如图 3 - 8（a）中 f_1，也就是说 Ⅰ 的位置符合最小条件，由 Ⅰ 及与之平行的另一条直线紧紧包容了实际要素。相比其他情况，这个包容区域也是最小的，故叫最小区域。因此，f_1 可定为直线度误差。

最小区域是根据被测实际要素与包容区域的接触状态来判别的。什么样的接触状态才算符合最小条件呢？根据实际分析和理论证明，得出了各项形状误差符合最小条件的判断准则。例如，评定在给定平面内的直线度误差，实际直线与两包容直线至少应有高、低、高（或低、高、低）三点接触，这个包容区就是最小包容区。如图 3 - 8（b）所示，实际轮廓不圆，在评定它的误差时，包容区为两同心圆之间的区域，实际圆应至少有内、外交替的四点与两包容圆接触，这个包容区就是最小包容区。

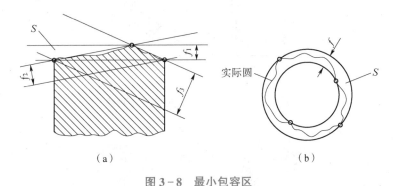

（a）　　　　　　　　　　　　　（b）

图 3 - 8　最小包容区

（a）直线度误差的最小包容区；（b）圆度误差的最小包容区

由上述可知，最小条件是指被测要素对其理想要素的最大变动量为最小，此时包容实际要素的区域为最小区域，此区域的宽度（对中心要素来说是直径）就确定为形状误差值。

最小条件是评定形状误差的基本原则，相对其他评定方法来说，评定的数据是最小的，结果也是唯一的。但在实际检测时，在满足功能要求的前提下，允许采用其他近似的方法。

（2）方向和位置误差的评定

方向和位置误差的评定，涉及被测要素和基准。基准是确定要素之间几何方位关系的依据，必须是理想要素。但基准要素本身也是实际加工出来的，也存在形状误差，通常采用精确工具模拟的基准要素来建立基准，如图 3 - 9~图 3 - 11 所示。

为排除形状误差的影响，基准的位置也应符合最小条件，如图 3 - 12 所示，可用平板的精确平面模拟基准，经过调整以保证按最小条件与下表面接触。

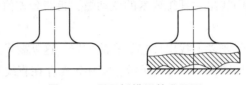

图 3 - 9　用平板模拟基准平面

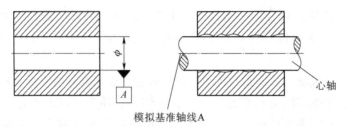

模拟基准轴线A

心轴

图 3 - 10　用心轴模拟基准孔轴线

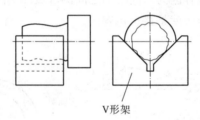

V形架

图 3 - 11　用 V 形架模拟基准轴轴线

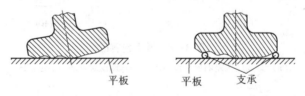

平板　　　平板　支承

图 3 - 12　位置误差测定时的基准要素的调整

　　有了基准，被测要素的理想方位即可确定，就可以找出被测实际要素偏离理想要素的最大变动量，此时被测要素的最大变动量满足最小条件的误差值即为方向或位置误差，如图 3 - 13 所示。

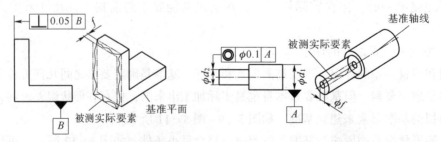

基准轴线

被测实际要素

基准平面

被测实际要素

图 3 - 13　方向、位置最小条件应用示例

2. 三基面体系

在位置公差中，为了确定被测要素在空间的方位，有时仅指定一个基准要素是不够的，需要指定两个或三个基准要素。由于基准要素也有形位误差，因此，我们设想建立相互垂直的三个理想平面，使这三个平面与零件上选定的基准要素建立联系，作为确定和测量零件上各要素几何关系的起点，并按功能要求将这三个平面分别称为第一、第二、第三基准平面，称为三基准体系，如图 3 – 14 所示。检测时可用实物来模拟三个基准。

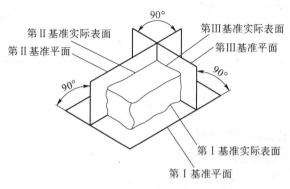

图 3 – 14 三基面体系

直线度误差检测

3. 典型形位误差的检测

（1）直线度误差的检测

1）刀口尺法

刀口尺法是用刀口尺和被测要素（直线或平面）接触，使刀口尺和被测要素之间的最大间隙为最小，此最大间隙即为被测要素的直线度误差（见图 3 – 15(a)）。间隙量可用塞尺测量或与标准间隙比较。

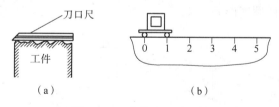

图 3 – 15 直线度误差测量

（a）刀口尺法；（b）水平仪法

2）水平仪法

水平仪法是将水平仪放在被测表面上，沿被测要素按节距，逐段连续测量。对读数进行计算可求得直线度误差值，也可采用作图法求得直线度误差值（见图 3 – 15(b)）。一般是在读数之前先将被测要素调成近似水平，以保证水平仪读数方便。测量时可在水平仪下面放入桥板，桥板长度可按被测要素的长度以及测量的精度要求决定。

3）误差测量数据的处理

用各种方法测量直线度误差时，应对所测得的读数进行数据处理后才能得出直线度误差值。现将用图解法测量直线度误差的数据处理方法介绍如下。

当采用分段布点测量直线度误差时，采用图解法求出直线度误差是一种直观而易行的方法。根据相对测量基准的测得数据，在直角坐标纸上按一定放大比例，可以描绘出误差曲线的图像，然后按图像读出直线度误差。

例如，用水平仪测得表 3-8 所列数据，用图解法求解直线度误差。

表 3-8　水平仪测量导轨直线度误差数据

测量点序号	0	1	2	3	4	5
水平仪读数（格）	0	0	+2	+1	+2	−2

$$直线度误差 = \frac{1}{1\,000}fLi$$

式中，L——节距，即桥板两支点间距离，mm；

　　　f——最小包容区沿纵坐标方向的宽度；

　　　i——水平仪的分度值，mm/m。

由图 3-16 可知 $f = 2.8$ mm，若水平仪分度值为 0.02 mm/m，节距为 300 mm，则直线度误差为

$$\frac{1}{1\,000} \times 2.8 \times 300 \times 0.02 \text{ mm} = 0.0168 \text{ mm}$$

（2）圆度和圆柱度误差的检测

圆度误差的检测方法如图 3-17 所示，是将被测零件装置在圆度仪上，调节并使零件轴线与圆度仪的回转轴线同轴。将零件回转一周，通过放大机构把零件某一位置圆的实际形状描绘在专用纸上，用一块刻有许多等距同心圆的透明板去比较，找到半径差最小的两同心圆，其间距就是被测圆的圆度误差。

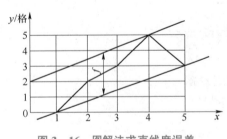

图 3-16　图解法求直线度误差

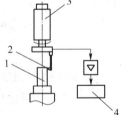

图 3-17　用圆度仪测量圆度误差
1—工件；2—测头；3—精密回转轴；4—记录仪

测量圆柱度误差，也可采用圆度仪来测量，只是要多测若干截面的圆度误差，或者是让测头沿零件轴线方向移动，使测头沿圆柱面做螺旋运动，利用计算机算出圆柱度误差。

目前在生产上测量圆柱度误差，也多采用测量特征参数的近似方法。如图 3-18 所示，将被测零件放在平板上，并紧靠直角座。具体方法如下：

①在被测零件回转一周的过程中，测量一个横截面上的最大与最小读数。

②按上述方法测量若干个横截面，然后取各截面内所测得所有读数中最大与最小读数差的一半作为该零件的圆柱度误差。此方法适用于测量外表面的偶数棱形状误差。

图 3-19 所示为用三点法测量圆柱度的实例，将被测零件放在平板上的 V 形架内（V 形架的长度应大于被测零件的长度）。具体方法如下：

①在被测零件回转一周的过程中，测量一个横截面上的最大与最小读数。

②按上述方法，连续测量若干个横截面，然后取各截面内所测得的所有读数中最大与最小读数的差值的半数，作为该零件的圆柱度误差。此方法适用于测量外表面的奇数棱形状误差。为测量准确，通常应使用夹角 $\alpha = 90°$ 和 $\alpha = 120°$ 的两个 V 形架分别进行测量。

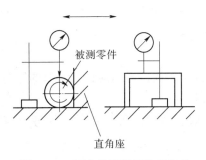

图 3-18　两点法测量圆柱度误差

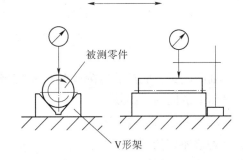

图 3-19　三点法测量圆柱度误差

（3）平行度误差的检测

平行度误差的检测方法，经常是用平板、心轴或 V 形架来模拟平面、孔或轴作基准，然后测量被测轴线、面上各点到基准的距离之差，以最大相对差作为平行度误差。图 3-20 所示为平行度检测示例。

（4）垂直度、倾斜度误差的检测

垂直度、倾斜度误差的检测也可转换成平行度误差的检测。

如图 3-21 所示，只要加一个定角座或定角套即可转换成平行度的检测。

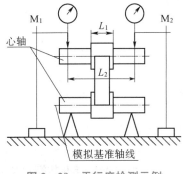

图 3-20　平行度检测示例

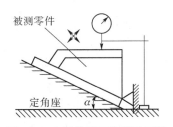

图 3-21　倾斜度误差检测示例

（5）同轴度误差的检测

同轴度误差的检测是要找出被测轴线离开基准轴线的最大距离，以其两倍值作为同轴度

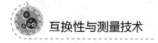

误差。

如图 3 - 22 所示，以两基准圆柱面中部的中心点连线作为公共基准轴线，即将零件放置在两个等高的刃口状 V 形架上，将两指示器分别在铅垂轴截面调零。

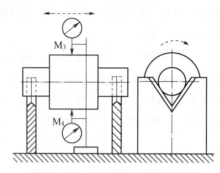

图 3 - 22　同轴度误差检测示例

①在轴向测量，取指示器在垂直于基准轴线正截面上测得的各对应读数差值的绝对值作为在该截面上的同轴度误差。

②转动被测零件，按上述方法测量若干个截面，取各截面测得读数差中的最大值（绝对值）作为该零件的同轴度误差。

此方法适用于测量形状误差较小的零件。

（6）位置度误差的检测

通常应用的有以下两类：

①用测长仪测量要素的实际位置尺寸，与理论正确尺寸进行比较，以最大差的两倍作为位置度误差。对于多孔的板件，应使基准平面与仪器的坐标方向一致。当未给定基准时，可调整最远两孔的实际中心连线与坐标方向一致，如图 3 - 23 所示。逐个测量孔边的坐标，定出孔的位置度误差。

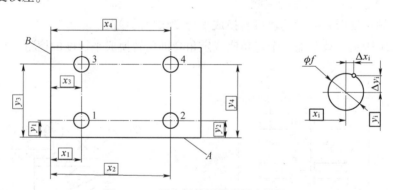

图 3 - 23　用坐标值测量位置度误差

②用位置量规检验要素的合格性。如图 3 - 24 所示，要求法兰盘上装螺钉用的 4 个孔具有以中心孔为基准的位置度。检测时将量规的基准测销和固定测销插入零件中，再将活动测销插入其他孔中，如果都能插入零件和量规的对应孔中，即可判断被测件是合格品。

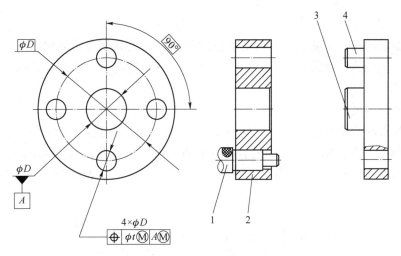

图 3 - 24 用位置量规检测位置度误差

1—活动测销；2—被测零件；3—基准测销；4—固定测销

（7）圆跳动误差的检测

径向圆跳动误差的检测如图 3 - 25 所示，基准轴线由 V 形架模拟，被测零件支承在 V 形架上，并在轴向定位。在被测零件回转一周的过程中，指示器读数最大差值即为单个测量平面上的径向圆跳动误差。按上述方法测量若干个截面，取各截面上测得的径向圆跳动误差中的最大值，作为该零件的径向圆跳动误差。该测量方法受 V 形架角度和基准实际要素形状误差的综合影响。

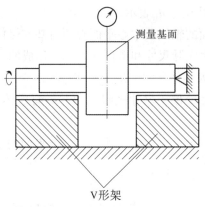

图 3 - 25 径向圆跳动误差的检测

3.2.5 公差原则（GB/T 4249—2009）

同一被测要素上既有尺寸公差又有形位公差时，确定尺寸公差与形位公差之间的相互关系的原则称为公差原则，它分为独立原则和相关要求两大类。

1. 有关术语及定义

（1）局部实际尺寸（简称实际尺寸）

在实际要素的任意正截面上，两对应点之间测得的距离称为局部实际尺寸，简称实际尺寸。内、外表面的实际尺寸分别用 D_a、d_a 表示。通常情况下，要素各处的实际尺寸往往是不同的，如图 3-26 所示。

（2）体外作用尺寸

在提取要素的给定长度上，与实际外表面（轴）体外相接的最小理想面或与实际内表面（孔）体外相接的最大理想面的直径或宽度称为体外作用尺寸，如图 3-26（a）所示外表面的体外作用尺寸用 d_{fe} 表示，如图 3-26（b）所示内表面的体外作用尺寸用 D_{fe} 表示。

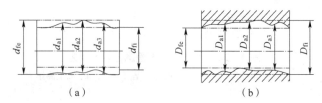

图 3-26　实际尺寸和作用尺寸

对于关联要素，该理想面的轴线或中心平面必须与基准保持图样给定的几何关系。

（3）体内作用尺寸

在提取要素的给定长度上，与实际外表面（轴）体内相接的最大理想面或与实际内表面（孔）体内相接的最小理想面的直径或宽度称为体内作用尺寸，如图 3-26 所示。内、外表面的体内作用尺寸分别用 D_{fi}、d_{fi} 表示。

对于关联要素，该理想面的轴线或中心平面必须与基准保持图样给定的几何关系。

必须注意，作用尺寸是由实际尺寸和形位误差综合形成的，对每个零件不尽相同。

（4）最大实体状态、最大实体尺寸、最大实体边界

实际要素在给定长度上处处位于尺寸极限之内并具有实体最大（即材料最多）时的状态称为最大实体状态。

最大实体状态下的尺寸称为最大实体尺寸。内、外表面的最大实体尺寸分别用 D_M、d_M 表示，即

$$D_M = D_{min}, d_M = d_{max}$$

式中，D_{min}，d_{max}——孔的最小极限尺寸和轴的最大极限尺寸。

由设计给定的具有理想形状的极限包容面称为边界。这里，包容面的定义是广义的，它既包括内表面（孔），又包括外表面（轴）。边界的尺寸为极限包容面的直径或距离。

尺寸为最大实体尺寸的边界称为最大实体边界，用 MMB 表示。

例如，如图 3-27（a）所示的圆柱形外表面，其最大实体尺寸 $d_M = \phi 30$ mm，其最大实体边界为直径等于 $\phi 30$ mm 的理想圆柱面，如图 3-27（b）所示。

关联要素的最大实体边界的中心要素还必须与基准保持图样上给定的几何关系，如图 3-28 所示。

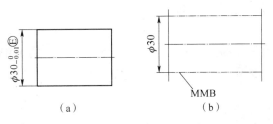

图 3 - 27　单一要素的最大实体边界

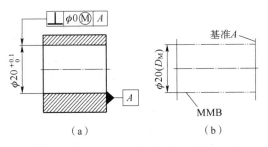

图 3 - 28　关联要素的最大实体边界

（5）最小实体状态、最小实体尺寸、最小实体边界

实际要素在给定长度上处处位于尺寸极限之内，并具有实体最小（即材料最少）时的状态称为最小实体状态。

最小实体状态下的尺寸称为最小实体尺寸。对于内表面，它为最大极限尺寸，用 D_L 表示；对于外表面，它为最小极限尺寸，用 d_L 表示。即

$$D_L = D_{max}, d_L = d_{min}$$

尺寸为最小实体尺寸的边界称为最小实体边界，用 LMB 表示。

单一要素的最小实体边界如图 3 - 29 所示。

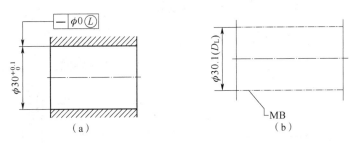

图 3 - 29　单一要素的最小实体边界

（6）最大实体实效状态、最大实体实效尺寸、最大实体实效边界

在给定长度上，实际要素处于最大实体状态，且中心要素的形状或位置误差等于给出的公差值时的综合极限状态为最大实体实效状态。

最大实体状态下的体外作用尺寸称为最大实体实效尺寸。对于内表面，它等于最大实体尺寸减其中心要素的形位公差值 t，用 D_{MV} 表示；对于外表面，它等于最大实体尺寸加其中

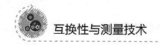

心要素的形位公差值 t，用 d_{MV} 表示。即

$$D_{MV} = D_{min} - t, d_{MV} = d_{max} + t$$

尺寸为最大实体实效尺寸的边界称为最大实体实效边界，用 MMVB 表示。

图 3-30 所示为单一要素的最大实体实效边界的示例。

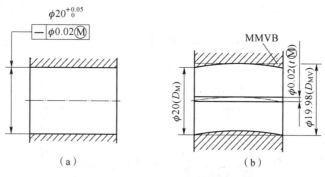

图 3-30 单一要素的最大实体实效边界

同样，对于关联要素，最大实体实效边界的中心要素必须与基准保持图样上给定的几何关系。

（7）最小实体实效状态、尺寸、边界

在给定长度上，实际要素处于最小实体状态，且其中心要素的形状或误差等于给出的公差值时的综合极限状态称为最小实体实效状态。

最小实体状态下的体内作用尺寸称为最小实体实效尺寸。对于内表面，它等于最大极限尺寸加其中心要素的形位公差值 t，用 D_{LV} 表示；对于外表面，它等于最小极限尺寸减其中心要素的形位公差值 t，用 d_{LV} 表示。即

$$D_{LV} = D_{max} + t, d_{LV} = d_{min} - t$$

尺寸为最小实体实效尺寸的边界称为最小实体实效边界，用 LMVB 表示。

图 3-31 所示为单一要素的最小实体实效边界的示例。

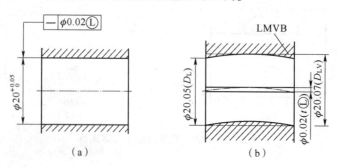

图 3-31 单一要素的最小实体实效边界

对于关联要素，其最小实体实效边界的中心要素必须与基准保持图样上给定的几何关系。

2. 独立原则

独立原则是指被测要素在图样上给出的尺寸公差与形位公差各自独立，

独立原则

应分别满足要求的公差原则。

图 3-32 所示为独立原则标注示例，标注时，不需要附加任何表示相互关系的符号。该标注表示轴的局部实际尺寸应在 $\phi19.97\sim\phi20$ mm 之间，无论实际尺寸为何值，轴线的直线度误差都不允许大于 $\phi0.05$ mm。

图 3-32　独立原则标注示例

独立原则是形位公差与尺寸公差相互关系的基本原则。

3. 相关要求

相关要求是指图样上给出的尺寸公差与形位公差相互有关的设计要求，它分为包容要求、最大实体要求和最小实体要求等。

（1）包容要求

在图样上，当单一要素的尺寸极限偏差或公差带号后面注有符号Ⓔ时，则表示该单一要素遵守包容要求，如图 3-33（a）所示。

包容要求

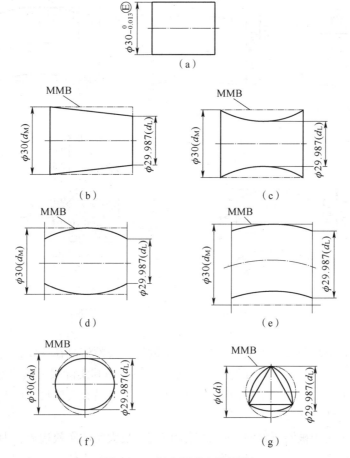

图 3-33　包容要求应用示例

采用包容要求时，被测要素应遵守最大实体边界，即当实际尺寸处处为最大实体尺寸时，其形状公差为零；当实际尺寸偏离最大实体尺寸时，允许形状误差相应增大，但其体外作用尺寸不得超过其最大实体尺寸，且局部实际尺寸不得超过其最小实体尺寸，即

对于外表面：

$$d_{fe} \leqslant d_M(d_{max}), \quad d_a \geqslant d_L(d_{min})$$

对于内表面：

$$D_{fe} \geqslant D_M(D_{min}), \quad D_a \leqslant D_L(D_{max})$$

图 3-33（a）中所示的轴，$d_{fe} \leqslant 30$ mm，$d_a \geqslant 29.987$ mm。图 3-33（b）~图 3-31（g）列出了该轴在轴向截面和横向截面内允许出现的几种极限状态，其最小局部实际尺寸没有小于 $\phi 29.987$ mm，实际轮廓没有超出双点画线限定的区域，即没有超出边界，所以都是合格的。

（2）最大实体要求及可逆要求

1）最大实体要求用于被测要素

图样上形位公差框格内公差值后标注Ⓜ，表示最大实体要求用于被测要素，如图 3-34（a）所示。

最大实体要求

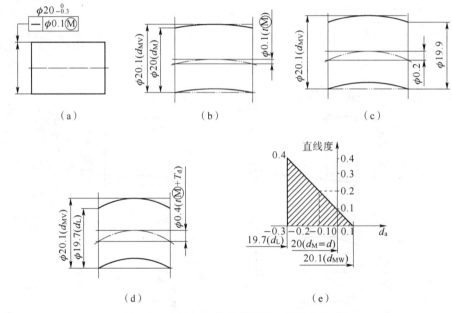

（a）　　　　　（b）　　　　　（c）

（d）　　　　　（e）

图 3-34　最大实体要求用于被测要素示例

当最大实体要求用于被测要素时，被测要素的形位公差值是在该要素处于最大实体状态时给定的。当被测要素的实际轮廓偏离最大实体状态，即其实际尺寸偏离最大实体尺寸时，允许的形位误差值可以增加，增加的量可等于实际尺寸对最大实体尺寸的偏移量，其最大增加量等于被测要素的尺寸公差。

最大实体要求用于被测要素时，被测要素应遵守最大实体实效边界，即体外作用尺寸不得超过其最大实体实效尺寸，且局部实际尺寸在最大与最小实体尺寸之间，即

对于外表面：

$$d_{fe} \leqslant d_{MV} = d_{max} + t, \quad d_{max} \geqslant d_a \geqslant d_{min}$$

对于内表面：

$$D_{fe} \geqslant D_{MV} = D_{min} - t, \quad D_{max} \geqslant D_a \geqslant D_{min}$$

如图 3-34（a）所示标注的轴，当轴处于最大实体状态（实际尺寸为 φ20 mm）时，其轴线的直线度公差为 φ0.1 mm，如图 3-34（b）所示。当轴的实际尺寸小于 φ20 mm，如为 φ19.9 mm 时，其轴线的直线度公差为（0.1+0.1）mm，如图 3-34（c）所示。当轴的实际尺寸为最小实体尺寸 φ19.7 mm 时，其轴线的直线度可达最大值，且等于给出的直线度公差与尺寸公差之和，即为（0.1+0.3）mm，如图 3-34（d）所示。在图 3-34（b）~图 3-34（d）中，轴的体外作用尺寸都没有超过最大实体实效边界（φ20.1 mm 的圆柱面），实际尺寸均未超过最大、最小极限尺寸，所以是合格的。图 3-34（e）所示为动态公差图，以实际尺寸为横坐标，以轴线直线度公差为纵坐标，画出一条与横坐标成 45°角的直线，当直线上的点落在图中阴影线区域之内时，该轴的尺寸与轴线直线度误差均是合格的。图 3-34（e）中的虚线代表图 3-34（c）所示的情况。

2）可逆要求用于最大实体要求

图样上的形位公差框格中，当在被测要素形位公差值后面的符号Ⓜ之后标注Ⓡ时，则表示被测要素遵守最大实体要求的同时遵守可逆要求，如图 3-35（a）所示。

当可逆要求用于最大实体要求时，除了具有上述最大实体要求用于被测要素时的含义外，还表示当形位误差小于给定的形位公差时，也允许实际尺寸超出最大实体尺寸；当形位误差为零时，允许尺寸的超出量最大（为形位公差值），从而实现尺寸公差与形位公差的相互转换。此时，被测要素仍遵守最大实体实效边界要求。

如图 3-35（a）所示标注的轴，当轴的实际尺寸偏离最大实体尺寸 φ20 mm 时，允许轴线直线度误差增大；同时，当轴的轴线直线度误差小于 0.1 mm 时，也允许轴的直径增大；当轴线直线度误差为零时，轴的实际尺寸可增到 φ20.1 mm，如图 3-35（b）所示。图 3-35（c）所示为其动态公差图。

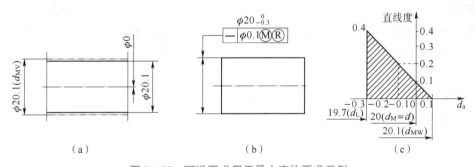

图 3-35　可逆要求用于最大实体要求示例

3）最大实体要求用于基准要素

当图样上公差框格中基准字母后面标注符号Ⓜ时，表示最大实体要求用于基准要素，如图 3-36 所示。此时，基准应遵守相应的边界。若基准的实际轮廓偏离相应的边界，即其体外作用尺寸偏离边界尺寸，则允许基准要素在一定范围内浮动，其浮动范围等于基准要素的体外作用尺寸与其相应边界尺寸之差。

基准要素应遵守的边界有两种情况：当基准要素本身采用最大实体要求时，其相应的边界为最大实体实效边界；当基准要素本身不采用最大实体要求时，其相应的边界为最大实体边界。

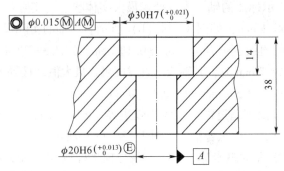

图 3 - 36　最大实体要求同时用于被测要素和基准要素

图 3 - 36 表示最大实体要求同时用于被测要素和基准要素，基准本身采用包容要求。当被测要素处于最大实体状态（实际尺寸为 $\phi30$ mm）时，同轴度公差为 $\phi0.015$ mm；当被测要素尺寸增大时，允许的同轴度误差也可增大，当其实际尺寸为 $\phi30.021$mm 时，同轴度公差为 $\phi0.015$ mm+$\phi0.021$ mm = $\phi0.036$ mm。当基准的实际轮廓处于最大实体尺寸 $\phi20$ mm时，基准线不能浮动；当基准的实际轮廓偏离最大实体边界，即体外作用尺寸大于 $\phi20$ mm时，基准线可以浮动；当基准的体外作用尺寸等于最小实体尺寸 $\phi20.013$ mm 时，其浮动范围达到最大值 $\phi0.013$ mm。基准浮动，可以理解为被测要素的边界可相对于基准在一定范围内浮动，因此使被测要素更容易达到合格要求。

（3）最小实体要求

当图样上形位公差框格内公差值后面标注符号 Ⓛ时，表示最小实体要求用于被测要素，如图 3 - 37（a）所示。

当最小实体要求用于被测要素时，被测要素的形位公差是在该要素处于最小实体状态下给定的。当被测要素的实际轮廓偏离其最小实体状态时，允许形位公差值增大，其最大增加量等于被测要素的尺寸公差值。

当最小实体要求用于被测要素时，被测要素应遵守最小实体实效边界，即其体内作用尺寸不应超出最小实体实效尺寸，且其局部实际尺寸在最大与最小实体尺寸之间，即

对于外表面：

$$d_{fi} \geqslant d_{LV} = d_{min} - t$$
$$d_{max} \geqslant d_a \geqslant d_{min}$$

对于内表面：

$$D_{fi} \leqslant D_{LV} = D_{max} + t$$
$$D_{max} \geqslant D_a \geqslant D_{min}$$

如图 3 - 37（a）所示孔的轴线的位置度采用最小实体要求，当该孔的实际尺寸为最小实体尺寸 $\phi8.25$ mm 时，轴线的位置度公差为 $\phi0.4$ mm，如图 3 - 37（b）所示。若孔的实际尺寸为 $\phi8.05$ mm，则孔轴线的位置度公差为 $\phi0.4$ mm+$\phi0.2$ mm = $\phi0.6$ mm，如图 3 - 37（c）所示。当孔的实际尺寸为 $\phi8$ mm 时，其轴线位置度公差最大，为 $\phi0.4$ mm+$\phi0.25$ mm = $\phi0.65$ mm，如图 3 - 37（d）所示。孔的实际轮廓不应超出尺寸为 $\phi8.65$ mm 的边界。该孔的实际尺寸与其轴线位置度公差的关系如图 3 - 37（e）动态公差图所示。与最大实体要求类似，最小实体要求可与可逆要求同时使用，也可用于基准要素。

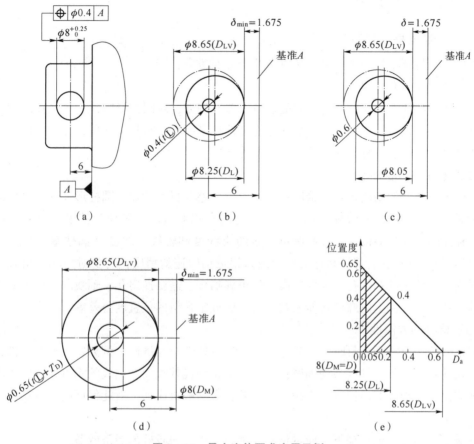

图 3-37　最小实体要求应用示例

（4）零形位公差

当关联要素采用最大（或最小）实体要求且形位公差为零时，称为零形位公差，用 0 Ⓜ（或 0 Ⓛ）表示，如图 3-38 所示。零形位公差可视为最大（或最小）实体要求的特例。此时，被测要素的最大（或最小）实体实效边界等于最大（或最小）实体边界，最大（或最小）实体实效尺寸等于最大（或最小）实体尺寸。

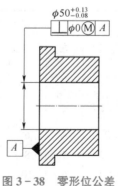

图 3-38　零形位公差

3.2.6 形位公差的选用

1. 形位公差特征项目的选择

形位公差特征项目的选择可以从以下几个方面考虑：

（1）零件的几何特征

零件几何特征不同，会产生不同的形位误差。例如，对圆柱形零件，可选择圆度、圆柱度、轴线直线度及素线直线度等；平面零件可选择平面度；窄长平面可选择直线度；槽类零件可选择对称度；阶梯轴、孔可选择同轴度等。

（2）零件的功能要求

根据零件不同的功能要求，给出不同的形位公差项目。例如，圆柱形零件，当仅需要顺利装配时，可选轴线的直线度；如果孔、轴之间有相对运动，应均匀接触，或为保证密封性，应标注圆柱度公差以综合控制圆度、素线直线度和轴线直线度（如柱塞与柱塞套、阀芯与阀体等）。又如，为保证机床工作台或刀架运动轨迹的精度，需要对导轨提出直线度要求；对安装齿轮轴的箱体孔，为保证齿轮的正确啮合，需要提出孔、轴线的平行度要求；为使箱体、端盖等零件上的螺栓孔能顺利装配，应规定孔组的位置度公差等。

（3）检测的方便性

确定形位公差特征项目时，要考虑到检测的方便性与经济性。例如，对轴类零件，可用径向全跳动综合控制圆柱度、同轴度；用端面全跳动代替端面对轴线的垂直度，因为跳动误差检测方便，又能较好地控制相应的形位误差；对一般机床加工就能保证的形位精度，即不必在图样上注出形位公差

在满足功能要求的前提下，应尽量减少项目，以获得较好的经济效益。

2. 形位公差值（或公差等级）的选择

形位精度的高低是用公差等级表示的。按国家标准规定，对 14 项形位公差特征，除线、面轮廓度和位置度未规定公差等级外，其余 11 项均有规定。形位公差的公差等级一般划分为 12 级，即 1~12 级，精度依次降低；仅圆度和圆柱度划分为 13 级，如表 3-9~表 3-12 所示（摘自 GB/T 1184-1996）。

表 3-9　直线度、平面度公差值　　　　　　　　　　　　μm

主参数 L /mm	公差等级											
	1	2	3	4	5	6	7	8	9	10	11	12
≤10	0.2	0.4	0.8	1.2	2	3	5	8	12	20	30	60
>10~16	0.25	0.5	1	1.5	2.5	4	6	10	15	25	40	80
>16~25	0.3	0.6	1.2	2	3	5	8	12	20	30	50	100
>25~40	0.4	0.8	1.5	2.5	4	6	10	15	25	40	60	120
>40~63	0.5	1	2	3	5	8	12	20	30	50	80	150
>63~100	0.6	1.2	2.5	4	6	10	15	25	40	60	100	200

注：主参数 L 为轴、直线、平面的长度。

表 3-10 圆度、圆柱度公差值 μm

主参数 d(D) /mm	公差等级												
	0	1	2	3	4	5	6	7	8	9	10	11	12
≤3	0.1	0.2	0.3	0.5	0.8	1.2	2	3	4	6	10	14	25
>3~6	0.1	0.2	0.4	0.6	1	1.5	2.5	4	5	8	12	18	30
>6~10	0.12	0.25	0.4	0.6	1	1.5	2.5	4	6	9	15	22	36
>10~18	0.15	0.25	0.5	0.8	1.2	2	3	5	8	11	18	27	43
>18~30	0.2	0.3	0.6	1	1.5	2.5	4	6	9	13	21	33	52
>30~50	0.25	0.4	0.6	1	1.5	2.5	4	7	11	16	25	39	62
>50~80	0.3	0.5	0.8	1.2	2	3	5	8	13	19	30	46	74

注：主参数 d(D) 为轴（孔）的直径。

表 3-11 平行度、垂直度、倾斜度公差值 μm

主参数 L、d(D) /mm	公差等级											
	1	2	3	4	5	6	7	8	9	10	11	12
≤10	0.4	0.8	1.5	3	5	8	12	20	30	50	80	120
>10~16	0.5	1	2	4	6	10	15	25	40	60	100	150
>16~25	0.6	1.2	2.5	5	8	12	20	30	50	80	120	200
>25~40	0.8	1.5	3	6	10	15	25	40	60	100	150	250
>40~63	1	2	4	8	12	15	30	50	80	120	200	300
>63~100	1.2	2.5	5	10	15	25	40	60	100	150	250	400

注：1. 主参数 L 为给定平行度时轴线或平面的长度，或给定垂直度、倾斜度时被测要素的长度；

2. 主参数 d(D) 为给定垂直度时，被测要素的轴（孔）的直径。

表 3-12 同轴度、对称度、圆跳动和全跳动公差值 μm

主参数 d(D)、B、L /mm	公差等级											
	1	2	3	4	5	6	7	8	9	10	11	12
≤1	0.4	0.6	1.0	1.5	2.5	4	6	10	15	25	40	60
>1~3	0.4	0.6	1.0	1.5	2.5	4	6	10	20	40	60	120
>3~6	0.5	0.8	1.2	2	3	5	8	12	25	50	80	150
>6~10	0.6	1	1.5	2.5	4	6	10	15	30	60	100	200
>10~18	0.8	1.2	2	3	5	8	12	20	40	80	120	250
>18~30	1	1.5	2.5	4	6	10	15	25	50	100	150	300
>30~50	1.2	2	3	5	8	12	20	30	60	120	200	400
>50~120	1.5	2.5	4	6	10	15	25	40	80	150	250	500

注：1. 主参数 d(D) 为给定同轴度时轴的直径，或给定圆跳动、全跳动时轴（孔）的直径；

2. 圆锥体斜向圆跳动公差的主参数为平均直径；

3. 主参数 B 为给定对称度时槽的宽度；

4. 主参数 L 为给定两孔对称度时的孔心距。

对于位置度，由于被测要素类型繁多，故国家标准只规定了公差值数系，而未规定公差等级，如表 3-13 所示。

表 3-13 位置度公差值数系表 μm

1	1.2	1.5	2	2.5	3	4	5	6	8
1×10^n	1.2×10^n	1.5×10^n	2×10^n	2.5×10^n	3×10^n	4×10^n	5×10^n	6×10^n	8×10^n
注：n 为正整数。									

形位公差值（公差等级）常用类比法确定，主要考虑零件的使用性能、加工的可能性和经济性等因素。表 3-14~表 3-17 可供类比时参考。

表 3-14 直线度、平面度公差等级应用

公差等级	应用举例
5	1 级平板，2 级宽平尺，平面磨床的纵导轨、垂直导轨、立柱导轨及工作台，液压龙门刨床和转塔车床床身导轨，柴油机进气、排气阀门导杆
6	普通机床导轨面，如卧式车床、龙门刨床、滚齿机、自动车床等的床身导轨、立柱导轨，柴油机壳体
7	2 级平板，机床主轴箱，摇臂钻床底座和工作台，镗床工作台，液压泵盖，减速器壳体接合面
8	机床传动箱体，挂轮箱体，车床溜板箱体，柴油机气缸体，连杆分离面，缸盖接合面，汽车发动机缸盖，曲轴箱接合面，液压管件和端盖连接面
9	3 级平板，自动车床床身底面，摩托车曲轴箱体，汽车变速器壳体，手动机械的支承面

表 3-15 圆度、圆柱度公差等级应用

公差等级	应用举例
5	一般计量仪器主轴，测杆外圆柱面，陀螺仪轴颈，一般机床主轴轴颈及主轴轴承孔，柴油机、汽油机活塞、活塞销，与 E 级滚动轴承配合的轴颈
6	仪表端盖外圆柱面，一般机床主轴及前轴承孔，泵、压缩机的活塞，气缸，汽油发动机凸轮轴，纺织锭子，减速传动轴轴颈，高速船用柴油机、拖拉机曲轴主轴颈，与 E 级滚动轴承配合的外壳孔，与 G 级滚动轴承配合的轴颈
7	大功率低速柴油机曲轴轴颈、活塞、活塞销、连杆、气缸，高速柴油机箱体轴承孔，千斤顶或压力油缸活塞，机车传动轴，水泵及通用减速器转轴轴颈，与 G 级滚动轴承配合的外壳孔
8	低速发动机、大功率曲柄轴轴颈，压气机连杆盖、体，拖拉机气缸、活塞，炼胶机冷铸轧辊，印刷机传墨辊，内燃机曲轴轴颈，柴油机凸轮轴轴承孔，凸轮轴，拖拉机、小型船用柴油机气缸套
9	空气压缩机缸体，液压传动筒，通用机械杠杆与拉杆用套筒销子，拖拉机活塞环、套筒孔

表 3-16　平行度、垂直度、倾斜度公差等级应用

公差等级	应用举例
4, 5	卧式车床导轨，重要支承面，机床主轴孔对基准的平行度，精密机床重要零件，计量仪器、量具、模具的基准面和工作面，主轴箱体重要孔，通用减速器壳体孔，齿轮泵的油孔端面，发动机轴和离合器的凸缘，气缸支承端面，安装精密滚动轴承的壳体孔的凸肩
6, 7, 8	一般机床的基准面和工作面，压力机和锻锤的工作面，中等精度钻模的工作面，机床一般轴承孔对基准面的平行度，变速器箱体孔，主轴花键对定心直径部位轴线的平行度，重型机械轴承盖端面，卷扬机、手动传动装置中的传动轴，一般导轨，主轴箱体孔，刀架，砂轮架，气缸配合面对基准轴线、活塞销孔对活塞中心线的垂直度，滚动轴承内、外圈端面对轴线的垂直度
9, 10	低精度零件，重型机械滚动轴承端面，柴油机、煤气发动机箱体曲轴孔、曲轴颈、花键轴和轴肩端面，皮带运输机端盖等端面对轴线的垂直度，手动卷扬机及传动装置中的轴承端面，减速器壳体平面

表 3-17　同轴度、对称度、跳动公差等级应用

公差等级	应用举例
5, 6, 7	这是应用范围较广的公差等级，用于形位精度要求较高、尺寸公差等级为 IT8 及高于 IT8 的零件。5 级常用于机床轴颈、计量仪器的测量杆、气缸机主轴、柱塞油泵转子、高精度滚动轴承外圈、一般精度滚动轴承内圈、回转工作台端面跳动。7 级用于内燃机曲轴、凸轮轴、齿轮轴，水泵轴，汽车后轮输出轴，电动机转子，印刷机传墨辊的轴颈、键槽
8, 9	常用于形位精度要求一般、尺寸公差等级 IT9 至 IT11 的零件。8 级用于拖拉机发动机分配轴轴颈，与 9 级精度以下齿轮相配的轴，水泵叶轮，离心泵体，棉花精梳机前后滚子、键槽等。9 级用于内燃机气缸套配合面、自行车中轴

对未注直线度、平面度、垂直度、对称度和圆跳动各规定了 H、K、L 三个公差等级，如表 3-18~表 3-21 所示。采用规定的未注公差值时，应在技术要求中注出下述内容，如"GB/T 1184-1996"。

表 3-18　直线度、平面度未注公差值（摘自 GB/T 1184-1996）　　　　　mm

公差等级	基本长度范围					
	约 10	>10~30	>30~100	>100~300	>300~1 000	>1 000~3 000
H	0.02	0.05	0.1	0.2	0.3	0.4
K	0.05	0.1	0.2	0.4	0.6	0.8
L	0.1	0.2	0.4	0.8	1.2	1.6

表 3 - 19　垂直度未注公差值（摘自 GB/T 1184—1996）　　　　　　mm

公差等级	基本长度范围			
	约 100	>100~300	>300~1 000	>1 000~3 000
H	0.2	0.3	0.4	0.5
K	0.4	0.6	0.8	1
L	0.6	1	1.5	2

表 3 - 20　对称度未注公差值（摘自 GB/T 1184—1996）　　　　　　mm

公差等级	基本长度范围			
	约 100	>100~300	>300~1 000	>1 000~3 000
H	0.5			
K	0.6		0.8	1
L	0.6	1	1.5	2

表 3 - 21　圆跳动未注公差值（摘自 GB/T 1184—1996）　　　　　　mm

公差等级	圆跳动公差值
H	0.1
K	0.2
L	0.5

①未注圆度公差值等于直径公差值，但不能大于表 3 - 21 中径向圆跳动的未注公差值。

②未注圆柱度公差值不作规定，由要素与圆度公差、素线直线度和相对素线平行度的注出或未注公差控制。

③未注平行度公差值等于被测要素与基准要素间尺寸公差和被测要素形状公差（直线度或平面度）未注公差值中的较大者，并取两要素中较长者作为基准。

④未注同轴度公差值未作规定。必要时，可取同轴度的未注公差值等于圆跳动的未注公差值（见表 3 - 21）。

⑤未注线轮廓度、面轮廓度、倾斜度、位置度的公差值均由各要素的注出或未注线性尺寸公差或角度公差控制。

⑥未注全跳动公差值未作规定。

⑦端面全跳动未注公差值等于端面对轴线的垂直度未注公差值；径向全跳动可由径向圆跳动和相对素线的平行度控制。

在确定形位公差值（公差等级）时，还应注意下列情况：

①在同一要素上给出的形状公差值应小于位置公差值。如要求平行的两个平面，则其平面度公差值应小于平行度公差值。

②圆柱度零件的形状公差（轴线直线度除外）一般应小于其尺寸公差值。

③平行度公差值应小于其相应的距离公差值。

④对于下列情况，考虑到加工的难易程度和除主参数外其他因素的影响，在满足功能要求的情况下，可适当降低 1~2 级选用。

　　a. 孔相对于轴。

　　b. 细长的孔或轴。

　　c. 距离较大的孔或轴。

　　d. 宽度较大（一般大于 1/2 长度）的零件表面。

　　e. 线对线、线对面相对于面对面的平行度和垂直度。

⑤凡有关标准已对形位公差作出规定的，如与滚动轴承相配合的轴和壳体孔的圆柱度公差、机床导轨的直线度公差等，都应按相应的标准确定。

3. 形位公差基准要素的选择

基准是确定关联要素间方向或位置的依据。在考虑选择位置公差项目的同时必然要考虑采用的基准，如选用单一基准、组合基准还是选用多基准。

单一基准由一个要素作基准使用，如平面、圆柱面的轴线，可建立基准平面、基准轴线。组合基准是由两个或两个以上要素构成的，作为单一基准使用。选择基准时，一般应从下列几方面考虑：

①根据要素的功能及与被测要素间的几何关系来选择基准。如轴类零件，通常以两个轴承为支承运转，其运转轴线是安装轴承的两轴颈公共轴线。因此，从功能要求和控制其他要素的位置精度来看，应选这两个轴颈的公共轴线为基准。

②根据装配关系，应选择零件相互配合、相互接触的表面作为各自的基准，以保证装配要求。

③从加工、检验角度考虑，应选择在夹具、检具中定位的相应要素为基准，这样能使所选基准与定位基准、检测基准、装配基准重合，以消除由于基准不重合引起的误差。

④从零件的结构考虑，应选较大的表面、较长的要素（如轴线）作基准，以便定位稳固、准确；对结构复杂的零件，一般应选三个基准，建立三基面体系，以确定被测要素在空间的方向和位置。

通常方向公差项目选用单一基准；位置公差项目中的同轴度、对称度，其基准可以是单一基准，也可以是组合基准。对于位置度公差，一般采用三基面体系。

4. 形位公差选用举例

【例 3-1】 图 3-39 所示为减速器的输出轴，根据对该轴的功能要求，给出了有关形位公差。

①两个 φ55j6 轴颈，与 P0 级滚动轴承内圈配合，为了保证配合性质，故采用包容要求；按 GB/T 275-2015《滚动轴承与轴和外壳孔的配合》规定，与 P0 级轴承配合的轴颈，为保证轴承套圈的几何精度，在遵守包容要求的情况下进一步提出圆柱度公差为 0.005 mm 的要求；该两轴颈安装上滚动轴承后，将分别与减速箱体的两孔配合，需限制两轴颈的同轴度误差，以免影响轴承外圈和箱体孔的配合，故又提出了两轴颈径向圆跳动公差 0.025 mm（相当于 7 级）。

②φ62 处左、右两轴肩为齿轮，轴承的定位面应与轴线垂直，参考 GB/T 275-2015 的规定，提出两轴肩相对于基准轴线 A-B 的端面圆跳动公差 0.015 mm。

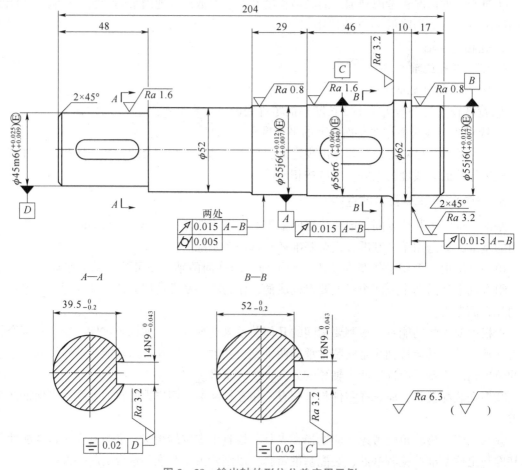

图 3－39　输出轴的形位公差应用示例

③φ56r6 与 φ45m6 分别与齿轮和带轮配合，为保证配合性质，也采用包容要求；为保证齿轮的正确啮合，对 φ56r6 圆柱还提出了对基准 A-B 的径向圆跳动公差 0.025 mm（参考表 3－11）。

④键槽对称度常用 7~9 级，此处选 8 级，查表 3－12 为 0.02 mm。

3.2.7　螺纹公差

针对影响螺纹接合互换性的几何参数误差，通过分析如何将各几何参数误差折算为中径当量，体现为作用中径，进而提出用中径公差及顶径公差综合控制螺纹各项参数的合格条件，由此掌握相应的普通螺纹公差要求，最终达到能够选用合适的方法进行螺纹检测，并能正确判断螺纹合格性的目的。

螺纹基础知识

1. 螺纹的种类及使用要求

螺纹连接是利用螺纹零件构成的可拆连接，在机器制造和仪器制造中应用十分广泛。常用螺纹按用途可分为普通螺纹、传动螺纹和紧密螺纹。

①普通螺纹：通常称为紧固螺纹，牙型为三角形，有粗牙和细牙螺纹之分，主要用于连

接或紧固各种机械零件。普通螺纹类型很多，使用要求也有所不同，对于普通紧固螺纹，如用螺栓连接减速器的箱座和箱盖，则主要要求具有良好的旋合性及足够的连接强度。

②传动螺纹：传动螺纹有梯形、锯齿形、矩形及三角形等几种牙型，主要用于传递动力、运动或精确位移，如车床传动丝杠和螺旋千分尺上的测微螺杆。这类螺纹主要要求传递动力和运动的可靠性、准确性及螺纹牙侧接触均匀性和耐磨性等。

③紧密螺纹：又称密封螺纹，主要用于水、油、气的密封，如管道连接螺纹。这类螺纹接合应有一定的过盈，以保证足够的连接强度和密封性。

2. 普通螺纹的基本几何参数

普通螺纹的基本牙型如图 3-40 所示，它是在螺纹轴剖面上，将边长为螺距 P 的原始等边三角形的顶部截去 $H/8$ 和底部截去 $H/4$ 后形成的（H 为等边三角形的高度）。

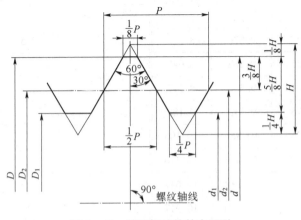

图 3-40 普通螺纹的基本牙型

①大径（D 或 d）：是指与外螺纹牙顶或内螺纹牙底相重合的圆柱面的直径。国家标准规定，大径的公称尺寸作为螺纹的公称直径。

②小径（D_1 或 d_1）：是指与外螺纹牙底或内螺纹牙顶相重合的圆柱面的直径。在强度计算中常作为螺杆危险剖面的计算直径。

外螺纹的大径和内螺纹的小径统称为顶径，外螺纹的小径和内螺纹的大径统称为底径。

③中径（D_2 或 d_2）：是指一个假想圆柱面的直径，该圆柱面的母线通过牙型上沟槽宽度和凸起宽度相等的地方，用来确定螺纹的配合性质。

④单一中径（D_2 单一或 d_2 单一）：是指一个假想圆柱面的直径，该圆柱面母线通过牙型上沟槽宽度等于螺距基本尺寸一半的地方。

单一中径用三针法测得，用来表示螺纹中径的实际尺寸。当无螺距误差时，螺纹的中径就是单一中径；当螺距有误差时，中径是不等于单一中径的，如图 3-41 所示。

⑤螺距（P）和导程（L）：螺距是指螺纹相邻两牙在中径线上对应两点间的轴向距离；导程是指同一条螺旋线上相邻两牙在中径线上

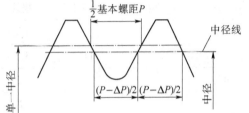

图 3-41 中径与单一中径

P—基本螺距；ΔP—螺距误差

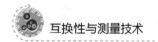

对应两点间的轴向距离，$L=nP$。

⑥牙型角（α）和牙型半角（$\alpha/2$）：牙型角是指螺纹轴向剖面内，螺纹牙型两侧边的夹角；牙型半角是指牙侧与螺纹轴线的垂线间的夹角。公制普通螺纹牙型角为60°，若存在牙型半角误差，则牙型半角不等于30°。

⑦螺纹接触高度：两个互相配合的螺纹牙型重合部分在垂直于螺纹轴线方向的距离。

⑧螺纹旋合长度：两个相配合的螺纹沿螺纹轴线方向相互旋合部分的长度。

普通螺纹的基本尺寸见表3-22，普通螺纹的公称直径与螺距标准组合系列见表3-23。

表3-22　普通螺纹的基本尺寸（摘自 GB/T 196-2003）　　　　　mm

公称直径（大径）D、d 第一系列	螺距 P	中径 D_2、d_2	小径 D_1、d_1	公称直径（大径）D、d 第一系列	螺距 P	中径 D_2、d_2	小径 D_1、d_1
10	1.5	9.026	8.376	20	2.5	18.376	17.294
	1.25	9.188	8.647		2	18.701	17.835
	1	9.350	8.917		1.5	19.026	18.376
	0.75	9.513	9.188		1	19.350	18.917
12	1.75	10.863	10.106	24	3	22.051	20.752
	1.5	11.026	10.376		2	22.701	21.835
	1.25	11.188	10.647		1.5	23.026	22.376
	1	11.350	10.917		1	23.350	22.917
16	2	14.701	13.835	30	3.5	27.727	26.211
	1.5	15.026	14.376		3	28.051	26.752
	1	15.350	14.917		2	28.701	27.835
					1.5	29.026	28.376
					1	29.350	28.917

注：本表仅列出了常用的第一系列公称直径。

表3-23　普通螺纹的公称直径与螺距标准组合系列（摘自 GB/T 193-2003）　　　　　mm

公称直径 D（d）			螺距 P			
第一系列	第二系列	第三系列	粗牙	细牙		
10			1.5	1.25	1	0.75
		11	1.5		1	0.75
12			1.75		1.25	1
	14		2	1.5	1.25*	1
		15		1.5		1
16			2	1.5		1

公称直径 D（d）			螺距 P			
第一系列	第二系列	第三系列	粗牙	细牙		
		17		1.5		1
	18		2.5	2	1.5	1
20			2.5	2	1.5	1
	22		2.5	2	1.5	1
24			3	2	1.5	1
		25		2	1.5	1
		26			1.5	
	27		3	2	1.5	1
30			3.5	(3) 2	1.5	1

注：带"（）"的尽量不用。

3. 普通螺纹的几何参数误差对互换性的影响

要实现普通螺纹的互换性，就必须保证具有良好的旋合性及连接可靠性。良好的旋合（入）性是指不需要费很大的力就能够把内（或外）螺纹旋进外（或内）螺纹规定的旋合长度上；连接可靠性是指内（或外）螺纹旋入外（或内）螺纹后，牙型重合部分具有足够的接触高度，在旋合长度上接触应均匀紧密，且在长期使用中有足够的接合力。

影响螺纹互换性的几何参数有螺纹的大径、中径、小径、螺距和牙型半角。在实际加工中，通常使内螺纹的大、小径尺寸分别大于外螺纹的大、小径尺寸，内、外螺纹配合后，在大径之间和小径之间实际上都是有间隙的，不会影响螺纹的旋合性。因此，影响螺纹互换性的主要因素是螺距误差、牙型半角误差和中径偏差，而这三种误差的综合结果可以表示为作用中径，用一个中径公差即可综合控制。

（1）螺距误差的影响

螺距误差包括局部误差和累积误差。局部误差是指单个螺距的实际尺寸与公称尺寸的代数差，与旋合长度无关。累积误差是指旋合长度内任意螺距的实际尺寸与公称尺寸的代数差，与旋合长度有关，是螺纹使用的主要影响因素。

为了便于分析问题，假设内螺纹具有理想牙型，外螺纹仅有螺距误差，且外螺纹的螺距 $P_外$ 大于理想内螺纹的螺距 $P_内$。在这种情况下，由于螺距累积误差的影响，螺纹产生干涉而无法旋合。为了使有螺距误差的外螺纹可以旋入具有理想牙型的内螺纹，就必须将外螺纹中径减小一个数值 f_p，或者将内螺纹中径增大一个数值 f_p，这个补偿中径螺距误差而折算到中径上的数值 f_p，称为螺距累积误差的中径当量。从图 3-42 中可以得出：

$$f_p = |\Delta P_\Sigma| \cot \frac{\alpha}{2} \qquad (3-1)$$

对于公制普通螺纹牙型半角 $\alpha/2 = 30°$，则

$$f_p = 1.732 |\Delta P_\Sigma|$$

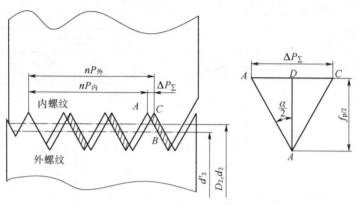

图 3-42 螺距累积误差对旋合性的影响

（2）牙型半角误差的影响

牙型半角误差是指牙型半角的实际值与公称值之间的差值。牙型角本身不准确或者牙型角的平分线出现倾斜都会产生牙型半角误差，对普通螺纹的互换性均有影响。

仍假设内螺纹具有理想牙型，与其相配合的外螺纹仅有牙型半角误差，当左、右牙型半角不相等时，就会在大径或小径处的牙侧产生干涉。如图 3-43 所示的阴影部分，彼此不能自由旋合。为了防止干涉、保证互换性，就必须将外螺纹中径减小一数值 $f_{\alpha/2}$ 或将内螺纹中径增大一个数值 $f_{\alpha/2}$。这个补偿牙型半角误差而折算到中径上的数值 $f_{\alpha/2}$，称为牙型半角误差的中径当量。

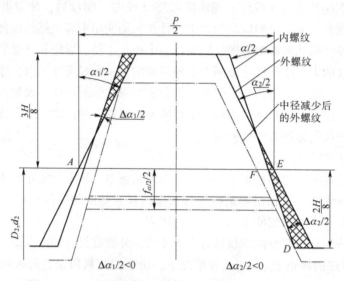

图 3-43 牙型半角误差对互换性的影响

考虑到左右牙型半角干涉区的径向干涉量不同，以及可能同时出现的各种情况，经过必要的单位换算，利用任意三角形的正弦定理，得出牙型半角误差的中径当量公式为

$$f_{\alpha/2} = 0.073P\left(K_1\left|\Delta\frac{\alpha_1}{2}\right| + K_2\left|\Delta\frac{\alpha_2}{2}\right|\right) \tag{3-2}$$

式中，P——螺距（mm）；

$\Delta \dfrac{\alpha_1}{2}$，$\Delta \dfrac{\alpha_2}{2}$——左、右牙型半角误差（'）；

K_1，K_2——左、右牙型半角误差系数。对外螺纹，当 $\Delta \dfrac{\alpha_1}{2}$（或 $\Delta \dfrac{\alpha_2}{2}$）为正时，$K_1$（或 K_2）取 2；当 $\Delta \dfrac{\alpha_1}{2}$（或 $\Delta \dfrac{\alpha_2}{2}$）为负时，$K_1$（或 K_2）取 3。内螺纹的取值与外螺纹相反。

（3）中径偏差的影响

中径偏差是指中径的实际尺寸与其公称尺寸之间的差值。中径偏差直接影响螺纹的互换性，当外螺纹中径大于内螺纹中径时就会产生干涉，影响旋合性。但是如果外螺纹中径过小、内螺纹中径过大，则会削弱连接强度。因此，必须限制中径偏差。

（4）以中径公差综合控制三种误差的判断原则

实际加工螺纹时，往往同时存在螺距误差、牙型半角误差和中径偏差，这三种误差的综合结果可以用作用中径来表示。

当实际外螺纹存在螺距误差和牙型半角误差时，它不能与相同中径的理想内螺纹旋合，而只能与一个中径较大的理想内螺纹旋合，这就相当于在旋合时外螺纹的中径增大了。这个增大的假想中径叫作外螺纹的作用中径 $d_{2作用}$，它是与内螺纹旋合时实际起配合作用的中径，其值等于外螺纹的实际中径 $d_{2单一}$ 与螺距误差的中径当量 f_p 及牙型半角误差的中径当量 $f_{\alpha/2}$ 之和，即：

$$d_{2作用} = d_{2单一} + f_p + f_{\alpha/2} \tag{3-3}$$

同理，当内螺纹存在螺距误差和牙型半角误差时，只能与一个中径较小的理想外螺纹旋合，相当于内螺纹的中径减小了。这个减小的假想中径叫作内螺纹的作用中径 $D_{2作用}$，它是与外螺纹旋合时实际起配合作用的中径，其值等于内螺纹的实际中径 $D_{2单一}$ 与螺距误差的中径当量 f_p 及牙型半角误差的中径当量 $f_{\alpha/2}$ 之差，即：

$$D_{2作用} = D_{2单一} - f_p - f_{\alpha/2} \tag{3-4}$$

由于螺距误差和牙型半角误差对螺纹使用性能的影响都可以折算为中径当量，因此，国标中没有单独规定螺距和牙型半角公差，仅用内、外螺纹的中径公差综合控制实际中径、螺距和牙型半角三项误差，因而中径公差是衡量螺纹互换性的重要指标。

以中径公差综合控制以上三种误差的判断原则应遵循泰勒原则，即为了保证螺纹的旋合性，要求实际螺纹的作用中径不超过其最大实体牙型的中径，以综合控制螺纹的全部要素；为了保证螺纹强度，要求任何部位的实际中径（单一中径）不超过其最小实体牙型的中径，以控制螺纹中径本身的尺寸。因此，依据中径公差进行判断时，合格的螺纹应满足下列不等式：

对于外螺纹：

$$d_{2min} \leqslant d_{2作用} \leqslant d_{2max}$$
$$d_{2min} \leqslant d_{2单一} \leqslant d_{2max}$$
$$d_{2单一} \leqslant d_{2作用}$$

以上三项合并为

$$d_{2min} \leqslant d_{2单一}，d_{2作用} \leqslant d_{2max} \tag{3-5}$$

对于内螺纹：

$$D_{2min} \leqslant D_{2作用} \leqslant D_{2max}$$
$$D_{2min} \leqslant D_{2单一} \leqslant D_{2max}$$

$$D_{2作用} \leqslant D_{2单一}$$

以上三项合并为

$$D_{2min} \leqslant D_{2作用}, \quad D_{2单一} \leqslant D_{2max} \qquad (3-6)$$

（5）大、小径偏差的影响

由于在实际加工中，通常使内螺纹的大、小径尺寸分别大于外螺纹的大、小径尺寸，螺纹的大、小径偏差一般不会影响旋合性，但会影响配合螺纹牙型重合部分的接触高度，即影响连接可靠性。而对于外螺纹和内螺纹的底径（d_1 和 D），由于是在加工时和中径一起由刀具切出的，其尺寸由刀具保证，因此不必规定其公差。这样，螺纹除了规定中径公差外，另外还必须规定顶径公差。

4. 普通螺纹的公差与配合

（1）螺纹公差

根据前面的分析，在螺纹公差标准中，只须规定中径公差和顶径公差。普通螺纹公差值取决于公称直径、螺距和公差等级。GB/T 197-2018 规定的普通螺纹公差等级如表 3-24 所示，各公差等级中 3 级最高，9 级最低，6 级为基本级。由于内螺纹较难加工，因此同样公差等级的内螺纹中径公差比外螺纹中径公差大 32% 左右。具体数值可查表 3-24 和表 3-25。

表 3-24 普通螺纹的公差等级

螺纹直径	公差等级
内螺纹小径 D_1	4、5、6、7、8
内螺纹中径 D_2	4、5、6、7、8
外螺纹大径 d	4、6、8
外螺纹中径 d_2	3、4、5、6、7、8、9

表 3-25 普通螺纹中径公差（摘自 GB/T 197-2018）　　　　　　　　μm

公称直径 D/mm		螺距	内螺纹中径公差					外螺纹中径公差						
>	≤	P/mm	公差等级					公差等级						
			4	5	6	7	8	3	4	5	6	7	8	9
5.6	11.2	0.75	85	106	132	170	—	50	63	80	100	125	—	—
		1	95	118	150	190	236	56	71	90	112	140	180	224
		1.25	100	125	160	200	250	60	75	95	118	150	190	236
		1.5	112	140	180	224	280	67	85	106	132	170	212	265
11.2	22.4	1	100	125	160	200	250	60	75	95	118	150	190	236
		1.25	112	140	180	224	280	67	85	106	132	170	212	265
		1.5	118	150	190	236	300	71	90	112	140	180	224	280
		1.75	125	160	200	250	315	75	95	118	150	190	236	300
		2	132	170	212	265	335	80	100	125	160	200	250	315
		2.5	140	180	224	280	355	85	106	132	170	212	265	335

续表

公称直径 D/mm		螺距	内螺纹中径公差					外螺纹中径公差						
			公差等级					公差等级						
>	≤	P/mm	4	5	6	7	8	3	4	5	6	7	8	9
22.4	45	1	106	132	170	212	—	63	80	100	125	160	200	250
		1.5	125	160	200	250	315	75	95	118	150	190	236	300
		2	140	180	224	280	355	85	106	132	170	212	265	335
		3	170	212	265	335	425	100	125	160	200	250	315	400
		3.5	180	224	280	355	450	106	132	170	212	265	335	425
		4	190	236	300	375	475	112	140	180	224	280	355	450
		4.5	200	250	315	400	500	118	150	190	236	300	375	475

（2）螺纹基本偏差

如图 3 – 44 所示，普通螺纹公差带是以基本牙型为零线布置的，其位置是指公差带相对于基本牙型的距离，由螺纹基本偏差来决定。

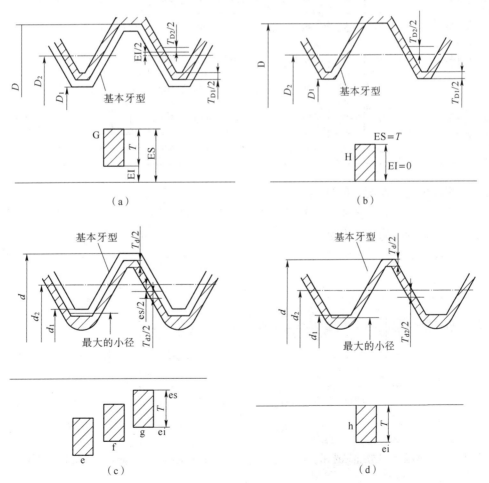

图 3 – 44　内、外螺纹的公差带

在普通螺纹国标中，对内螺纹的中径和小径规定了 G、H 两种公差带位置，以下偏差 EI 为基本偏差；对外螺纹的中径和大径规定了 e、f、g、h 四种公差带位置，以上偏差为基本偏差。其中，H、h 基本偏差为零，G 基本偏差为正值，e、f、g 基本偏差为负值。内、外螺纹的基本偏差值如表 3-26 所示。

表 3-26 普通螺纹的基本偏差和顶径公差（摘自 GB/T 197-2018）　　　　　　μm

螺距 P /mm	内螺纹小径和中径的基本偏差 EI		外螺纹大径和中径的基本偏差 es				内螺纹小径公差公差等级					外螺纹大径公差公差等级		
	G	H	e	f	g	h	4	5	6	7	8	4	6	8
1	+26		−60	−40	−26		150	190	236	300	375	112	180	280
1.25	+28		−63	−42	−28		170	212	265	335	425	132	212	335
1.5	+32		−67	−45	−32		190	236	300	375	475	150	236	375
1.75	+34		−71	−48	−34		212	265	335	425	530	170	265	425
2	+38	0	−71	−52	−38	0	236	300	375	475	600	180	280	450
2.5	+42		−80	−58	−42		280	355	450	560	710	212	335	530
3	+48		−85	−63	−48		315	400	500	630	800	236	375	600
3.5	+53		−90	−70	−53		355	450	560	710	900	265	425	670
4	+60		−95	−75	−60		375	475	600	750	950	300	475	750

（3）螺纹公差带及配合的选用

根据螺纹配合要求，将螺纹公差等级和基本偏差组合，可得到各种螺纹公差带。但为了减少螺纹刀具和量具的规格与数量，国标规定了内、外螺纹的推荐公差带，如表 3-27 和表 3-28 所示。

表 3-27 内螺纹推荐公差带（摘自 GB/T 197-2018）

精度	公差带位置 G			公差带位置 H		
	S	N	L	S	N	L
精密				4H	5H	6H
中等	(5G)	6G*	(7G)	5H*	6H	7H*
粗糙		(7G)			7H	8H

注：带"*"的公差带应优先选用，加"（）"的公差带尽量不用，大量生产的精制紧固螺纹推荐采用带方框的公差带。

表 3－28　外螺纹推荐公差带（摘自 GB/T 197－2018）

精度	公差带位置 e			公差带位置 f			公差带位置 g			公差带位置 h		
	S	N	L	S	N	L	S	N	L	S	N	L
精密							(4g)	(5g4g)	(3h4h)	4h*	(5h4h)	
中等	6e*	(7e6e)		6f*			(5g6g)	6g	(7g6g)	(5h6h)	6h	(7h6h)
粗糙	(8e)	(9e8e)						8g	(9g8g)			

注：带"＊"的公差带应优先选用，加"（　）"的公差带尽量不用，大量生产的精制紧固螺纹推荐采用带方框的公差带。

螺纹配合的选用主要根据使用要求来确定。为了保证螺母、螺栓旋合后的同轴度及连接强度，一般选用最小间隙为零的 H/h 配合。为了装拆方便及改善螺纹的疲劳强度，可以选用 H/g 或 G/h 配合。对单件、小批量生产的螺纹，为适应手工旋紧和装配速度不高等使用性能，可选用最小间隙为零的 H/h 配合。对需要涂镀或在高温下工作的螺纹，通常选用 H/g、H/e 等较大间隙的配合。对公称直径小于或等于 1.4 mm 的螺纹，应选用 5H/6h 或更精密的配合。

（4）螺纹旋合长度及配合精度的选用

螺纹精度不仅与公差带有关，还与旋合长度有关。国家标准按螺纹公称直径和螺距基本尺寸，对螺纹连接规定了三组旋合长度，分别称为短旋合长度、中等旋合长度和长旋合长度，并分别用 S、N、L 表示，可从表 3－29 中选取。一般情况下应选用中等旋合长度，当结构和强度上有特殊要求时，可采用短旋合长度或长旋合长度。

国家标准《普通螺纹公差与配合》GB/T 197－2018 规定，不同的螺纹公差带结合不同的旋合长度，一起形成不同的螺纹精度。普通螺纹精度分为精密级、中等级和粗糙级三个等级。精密级用于配合性质变动较小的精密螺纹；中等级用于一般螺纹；粗糙级用于精度要求不高或制造较困难的螺纹。

表 3－27 和表 3－28 列出了精密、中等和粗糙三种等级时在不同旋合长度（S 短、N 中、L 长）下所对应的公差带。它是将中等旋合长度 N 对应的 6 级公差定为中等精度，以此为中心，向上、向下推出精密级和粗糙级螺纹的公差带；向左、向右推出短旋合长度和长旋合长度螺纹的公差带。由表 3－27 和表 3－28 可知，在同组的旋合长度情况下，要提高螺纹精度，则需相应提高公差等级；而在同样的螺纹精度等级情况下，旋合长度长的螺纹其公差等级要求相应降低，这是因为螺纹的旋合长度越长，螺距累积误差越大，加工就越困难。

（5）螺纹标注

普通螺纹的标记由螺纹代号、公称直径、螺纹公差带代号和旋合长度代号组成。右旋螺纹、粗牙螺距和中等旋合长度 N 等均为省略标注。

标注中，左旋螺纹需在螺纹代号后加注"左"，细牙螺纹需要标注出螺距。当中径和顶径公差带代号相同时，可只标一个代号；当两者代号不同时，前者为中径公差带代号，后者为顶径公差带代号。

表 3－29　螺纹的旋合长度（摘自 GB/T 197－2018）　　　　　　mm

公称直径 D, d		螺距 P	旋合长度			
			S	N		L
>	≤		≤	>	≤	>
5.6	11.2	0.75	2.4	2.4	7.1	7.1
		1	3	3	9	9
		1.25	4	4	12	12
		1.5	5	5	15	15
11.2	22.4	1	3.8	3.8	11	11
		1.25	4.5	4.5	13	13
		1.5	5.6	5.6	16	16
		1.75	6	6	18	18
		2	8	8	24	24
		2.5	10	10	30	30
22.4	45	1	4	4	12	12
		1.5	6.3	6.3	19	19
		2	8.5	8.5	25	25
		3	12	12	36	36
		3.5	15	15	45	45
		4	18	18	53	53
		4.5	21	21	63	63

内螺纹标记示例：

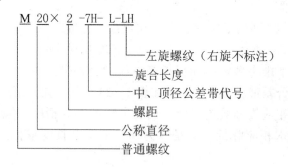

外螺纹标记示例：

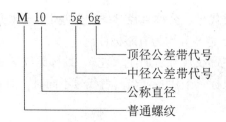

在装配图上，当内、外螺纹装配在一起时，它们的公差带代号用斜线分开，左边为内螺纹公差带代号，右边为外螺纹公差带代号，如 M10—6H/6g。内、外螺纹零件图及装配图中的螺纹标注如图 3-45 所示。

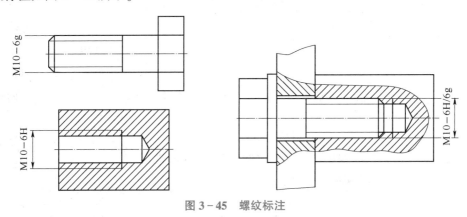

图 3-45　螺纹标注

3.3　项目实施

3.3.1　曲轴尺寸公差、形位公差分析

以图 3-1 所示曲轴零件图为例，分析该零件尺寸公差和形位公差要求，见表 3-30。

表 3-30　曲轴零件公差要求

尺寸公差/mm	$30_{-0.021}^{0}$	$\phi30.3_{-0.039}^{0}$	$\phi32_{-0.025}^{0}$	$\phi20_{-0.021}^{0}$	$5_{-0.036}^{0}$	$28_{-0.2}^{0}$	$17_{-0.2}^{0}$	67 ± 0.023	26 ± 0.0165	M16-7h 分析：公称直径为 16 mm，中径、顶径公差为 7h 的粗牙外螺纹
公差代号	$\phi30h7$	$\phi30.3h8$	$\phi32h7$	$\phi20h7$	5N9	键槽公差		67js8	26JS8	
形位公差分析/mm	圆柱度 0.015	对称度 0.02		垂直度 0.02		圆度 0.02	直线度 0.02	平行度 0.02	径向圆跳动为 0.02 mm	
公差原则分析	独立原则									

以图 3-1 所示曲轴零件图为例，分析该零件形位公差含义，见表 3-31。

表 3－31　曲轴零件形位公差含义分析

序号	形位公差项目	被测要素	基准要素	含义
1	圆柱度	$\phi30_{-0.021}^{0}$ mm 圆柱面	无	$\phi30_{-0.021}^{0}$ mm 圆柱面的圆柱度公差为 0.015 mm
2	径向圆跳动	$\phi30_{-0.021}^{0}$ mm 圆柱面	两端中心孔的公共基准	$\phi30_{-0.021}^{0}$ mm 圆柱面对两端中心孔的公共基准的径向圆跳动公差为 0.02 mm
3	垂直度	$\phi51$ mm 圆柱的左端面	两主轴颈 $\phi30_{-0.039}^{0}$ mm 的公共轴线	$\phi51$ mm 圆柱的左端面对两主轴颈 $\phi30_{-0.039}^{0}$ mm 的公共轴线的垂直度公差为 0.02 mm
4	平行度	$\phi32_{-0.025}^{0}$ mm 连杆轴颈轴线	两主轴颈 $\phi30_{-0.039}^{0}$ mm 的公共轴线	$\phi32_{-0.025}^{0}$ mm 连杆轴颈轴线对两主轴颈 $\phi30_{-0.039}^{0}$ mm 的公共轴线在垂直方向上的平行度公差为 0.02 mm
5	圆柱度	$\phi32_{-0.025}^{0}$ mm 连杆轴颈圆柱面	无	$\phi32_{-0.025}^{0}$ mm 连杆轴颈圆柱面圆柱度公差为 0.015 mm
6	垂直度	$\phi51$ mm 圆柱的右端面	两主轴颈 $\phi30_{-0.039}^{0}$ mm 的公共轴线	$\phi51$ mm 圆柱的右端面对两主轴颈 $\phi30_{-0.039}^{0}$ mm 的公共轴线的垂直度公差为 0.02 mm
7	对称度	宽度为 $5_{-0.036}^{0}$ mm 的键槽中心平面	$\phi26$ mm 圆锥的轴线	宽度为 $5_{-0.036}^{0}$ mm 的键槽中心平面对 $\phi26$ mm 圆锥的轴线的对称度公差为 0.02 mm
8	对称度	宽度为 $5_{-0.036}^{0}$ mm 的键槽中心平面	右端主轴颈 $\phi30_{-0.039}^{0}$ mm 圆柱的轴线	宽度为 $5_{-0.036}^{0}$ mm 的键槽中心平面对右端主轴颈 $\phi30_{-0.039}^{0}$ mm 圆柱的轴线的对称度公差为 0.02 mm
9	对称度	宽度为 $5_{-0.036}^{0}$ mm 的键槽中心平面	$\phi20_{-0.021}^{0}$ mm 圆柱的轴线	宽度为 $5_{-0.036}^{0}$ mm 的键槽中心平面对 $\phi20_{-0.021}^{0}$ mm 圆柱的轴线的对称度公差为 0.02 mm

3.3.2　曲轴尺寸、形位误差、螺纹误差检测

1. 三坐标测量机

三坐标测量机是综合利用精密机械、微电子、光栅和激光干涉仪等先进技术的测量仪

器，目前广泛应用于机械制造、电子工业、航空和国防工业各部门，特别适用于测量箱体类零件的孔距、面距以及模具、精密铸件、电子线路板、汽车外壳、发动机零件、凸轮和飞机零件等带有空间曲面的零件。

（1）类型

三坐标测量机按其精度和测量功能，通常分为计量型（万能型）、生产型（车间型）和专用型三大类。

（2）测量原理

三坐标测量机所采用的标准器是光栅尺。反射式金属光栅尺固定在导轨上，读数头（指示光栅）与其保持一定间隙安装在滑架上，当读数头随滑架沿着导轨连续运动时，由于光栅所产生的莫尔条纹的明暗变化，经光电元件接收，将测量位移所得的光信号转换成周期变化的电信号，经电路放大、整形、细分处理成计数脉冲，最后显示出数字量。当测头移动到空间的某个点位置时，计算机屏幕上立即显示出 X、Y、Z 方向的坐标值。测量时，在三维测头与零件接触的瞬间，测头向坐标测量机发出采样脉冲，锁存此时球形测量头球心的坐标。对表面进行几次测量，即可求得其空间坐标方程，以确定零件的尺寸和形状。图 3 - 46 所示为 F604 型固定门框式三坐标测量机的外形简图。

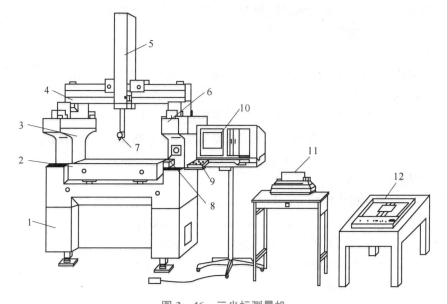

图 3 - 46　三坐标测量机

1—底座；2—工作台；3—立柱；4、5、6—导轨；7—测头；8—驱动开关；
9—键盘；10—计算机；11—打印机；12—绘图仪；13—脚开关

（3）测量系统及测量头

1）测量系统

①机械式测量系统。较典型的是精密丝杠和微分鼓读数系统，也可以把微分鼓的示值通过机电转换，用数字方式显示，示值一般为 1~5 μm。也有采用精密齿轮齿条式的，以相互啮合的齿轮齿条为测量系统，在齿轮的同轴上装有光电盘，经光电计数器用数字形式把移动量显示出来。但这种测量系统在精密三坐标测量机中很少应用。

②光学式测量系统。最常用的是光栅测量系统，即利用光栅的莫尔条纹原理来检测坐标的移动量。由于光栅体积小，精度高，信号容易细分，因此是目前三坐标测量机特别是计量型测量机使用最普遍的测量系统，但使用光栅测量系统需要清洁的工作环境。除光栅测量系统外，其他的光学测量系统还有光学读数刻度尺、光电显微镜和金属刻度尺、光学编码器、激光干涉仪等测量系统。

③电学式测量系统。最常见的是感应同步器测量系统和磁尺测量系统两种。感应同步器的特点是成本低，对环境的适应性强，不怕灰尘和油污，精度在 1 m 内可达到 ±10 μm，因而常应用于生产型三坐标测量机。磁尺也有容易生产、成本低、易安装等优点，其精度略低于感应同步器，精度在 600 mm 内约为 ±10 μm。

2）测量头

①非接触式测头。其可分为光学测头与激光测头，主要用于软材料表面、难以接触到的表面以及窄小棱面的非接触测量。

②接触式测头。其可分为硬测头与软测头两种。硬测头多为机械测头，主要用于手动测量与精度要求不高的场合，现代的三坐标测量机较少使用这种测头。而软测头是目前三坐标测量机普遍使用的测量头。软测头主要有触发式测头和三维模拟测头两种，前者多用于生产型三坐标测量机，计量型三坐标测量机则大多使用电感式三维测头。

（4）三坐标测量机的应用

1）主要技术指标

①测量范围。一般指 X、Y、Z 三个方向所能测量的最大尺寸，一般三坐标测量机的型号就包含一组表示测量范围特征的数字。

②测量精度。一般用置信度为 95% 的测量不确定度 u_{95} 表示。

计量型三坐标测量机（最大测量范围<1 200 mm）坐标轴方向的测量精度为

$$u_{95} = (1.5+L/250)\,μm$$

式中，L——测量长度（mm）

生产型三坐标测量机坐标轴方向的测量精度为

$$u_{95} = (4+L/250)\,μm \sim (6+L/100)\,μm$$

③分辨率。三坐标测量机的分辨率一般为 0.1~2 μm。

④测量力。三坐标测量机的测量力按不同测头一般为 0.1~1 N。

2）三坐标测量机的功能

①基本测量功能。包括：对一般几何元素的确定（如直线、圆、椭圆、平面、圆柱、球、圆锥等）、对一般几何元素形位误差的测量（如直线度、平面度、圆度、圆柱度、平行度、倾斜度、同轴度、位置度等）以及对曲线点到点的测量和进行坐标转换、相应误差统计分析、必要的打印输出和绘图输出等。

②特殊测量处理功能。包括对曲线的连续扫描，圆柱与圆锥齿轮的齿形、齿向和周节测量，各种凸轮和凸轮轴的测定以及各种螺纹参数的测量等。

③还可用于机械产品计算机的辅助设计与辅助制造，例如汽车车身设计从泥模的测量到主模型的测量，冲模从数控加工到加工后的检验，直至投产使用后的定期磨损检验等都可应用三坐标测量机来完成。

三坐标测量机的操作过程如下：

（1）工件图样分析

工件图纸的分析过程是整个零件检测的基础。

①首先确定零件需要检测的项、测量元素以及大致的先后顺序；

②明确零件基准类型：设计基准、工艺基准和检测基准；

③确定用哪些元素作为基准来建立零件坐标系，以及建立坐标系的方法；

④依据测量的特征元素，确定零件在坐标台面的安置方位，并借助于合适的坐标夹具，以保证一次装夹完成所有元素的测量；

⑤根据零件的安置方位及被测元素，选择合适的测头组件及测头角度。

（2）测头的定义及校验

①在对零件进行检测之前，首先要对所使用的测头进行定义及校验；

②依据实际准备的测杆的配置进行定义，添加测头角度，用标准球对测头进行校验，完成球径和测头角度数据的测量；

③校验结果会直接影响工件检测结果的准确性。

（3）零件坐标系的建立

使用 CMM 进行测量时，由于零件本身的复杂性、CMM 测量范围和测量角度的限制，一次装夹往往不能获得所需的全部数据，此时需要调整零件和测量系统的相对位置。通常可以采用建立零件坐标系的方法来保证多次测量数据坐标系的统一。所以，在测量零件前要先进行坐标找正。一般很难直接在零件上找到相互垂直的元素来建立坐标系，但由坐标系三个轴互相不垂直又不符合直角坐标系的原则，针对此问题 CMM 可用 3-2-1 的方法建立零件坐标系。

3-2-1 法建立零件坐标系一般有三步：

1）找正（确定坐标系的第一轴）

"3" 表示不在同一直线上的三个点（至少 3 个点）可以确定一个平面，利用此平面的法线矢量确定一个坐标轴的方向即为找正。

2）旋转（确定坐标系的第二轴）

"2" 表示两个点可以确定一条直线，此直线可以围绕已经确定的第一个轴向旋转，以此确定第二个轴向。旋转元素需垂直于已找正的元素，这控制着轴线相对于工作平面的旋转定位。

3）平移（确定坐标系的原点）

"1" 表示一个点，用于确定坐标系某一轴向的原点。通常利用平面、直线、点确定三个轴向的原点（零点）。原点可以是任意测量元素或将其设为零点的定义了 X、Y、Z 值的元素。

（4）应用自动测量

①建立零件的粗坐标系后，要将运行模式切换为 DCC 模式，然后使用自动测量元素再精建零件坐标系；

②运用自动特征功能测量所需的特征元素。

（5）测量特征元素

机械加工的零件常常是一些标准几何特征的组合，例如平面、圆、直线、圆柱、圆锥和球。这些特征的几何性质可以把许多测量点用拟合的办法得到。为了测量的目的，每种特征在数学上均定义了最少测量点数（见表 3-32），例如两点定义一条直线、三点定义一个圆，但三点测圆不会提供形状的信息，为了实用的目的，用坐标测量机测量时通常测点多于最少点数，这样可以看出表面的几何误差，这些测点并不需要在表面上等距分布但要求均匀分布，这样保持输入到软件的数据能真正代表被测特征的特性。用户应当知道，测点不要过于规律分布，否则可能会导致其与机械加工工序中存在的系统或周期误差相一致。

表 3 - 32　测量特征推荐测量点数

几何元素	最少点数	推荐点数
直线	2	5
平面	3	9（三条线，每线三点）
圆	3	7（检测六叶形）
球	4	9（三个平行平面的三个圆）
圆锥	6	12（四个平行平面的圆，为了得到直线度信息）； 15（五个点在三个平行平面的圆，为了得到圆度信息）
椭圆	4	12
圆柱	5	12（四个平行平面的圆，为了得到直线度信息）； 15（五个点在三个平行平面的圆，为了得到圆度信息）
立方体	6	18（每个面至少三个点）

（6）特征的扫描

①特征扫描主要用途：测绘不规则特征零件、检测零件轮廓度。

②自动扫描典型类型：开放路径扫描、片区扫描、截面扫描、周边扫描、旋转扫描、UV 扫描。

（7）尺寸公差和形位公差评价

①PC-DMIS 软件都提供了强大的尺寸和形位公差功能；

②选择测量策略：是功能检查还是过程控制。

③被测元素的拟合方法：根据测量策略，选择最小二乘拟合准则、最大内切拟合准则、最小外接拟合准则、最大最小（切比雪夫）拟合准则。

（8）测量报告输出

根据实际需要，选择数据报告还是图形报告。

2. 螺纹测量

螺纹几何参数检测方法有单项测量和综合测量两种。

（1）单项测量

螺纹的单项测量是指分别测量螺纹的各项几何参数，常用于检验精密螺纹、传动螺纹、螺纹刀具、螺纹量规、大尺寸普通螺纹等，或用于螺纹工件的误差分析。下面简述几种最常用的单项测量方法。

1）三针法测量

三针法测量是一种较为常见的精密测量外螺纹中径的方法，如图 3 - 47 所示。测量时，将三根直径相同的精密量针分别放在外螺纹两侧牙槽中，用接触仪器或测微量具测出针距 M

值，然后根据已知的螺距、牙型半角和量针直径计算出被测外螺纹的中径。

为了减少螺纹牙型半角误差对测量结果的影响，应选择适当直径的量针，使其与螺纹牙侧面恰好在中径线上接触，满足此条件的钢针即为最佳钢针。

2）用工具显微镜测量螺纹各参数

在工具显微镜上可用影像法或轴切法测量螺纹各参数（中径、螺距、牙型半角）。用影像法测量时，是用万能工具显微镜将被测螺纹的牙型轮廓放大或成像，并按被测螺纹的影像测量其中径、螺距和牙型半角，其是一种应用广泛的单项测量方法。

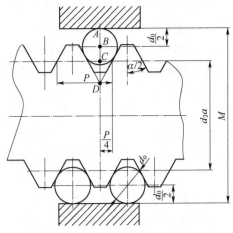

图 3-47　三针量法测量螺纹中径

（2）综合测量

综合测量是指用螺纹极限量规来检测螺纹几个参数误差的综合结果。普通螺纹一般均采用量规进行检验。图 3-48 所示为用量规检验螺纹的示意图。

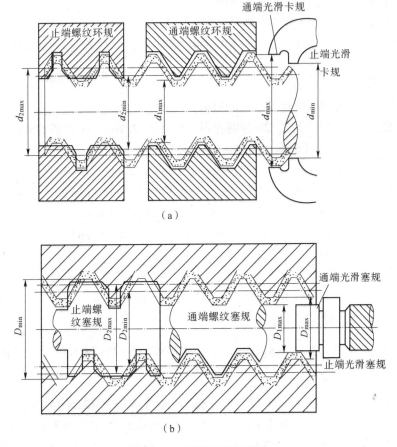

（a）

（b）

图 3-48　用量规检验螺纹

（a）外螺纹的综合检验；（b）内外螺纹的综合检验

用量规检验螺纹是一种模拟装配式的检验方法，既简单又可靠。量规包括以检验中径为主的螺纹量规和以检验顶径为主的光滑量规两部分，每一部分又分为通规（端）和止规（端）两种。检验时，若螺纹量规通规（端）能通过或旋合被测螺纹，止规（端）不能通过被测螺纹或不能完全旋合，就表示被测螺纹的作用中径和单一中径（实际中径）合格；若光滑量规通规（端）能通过，止规（端）不能通过，就表示被测螺纹的顶径合格。

螺纹量规按泰勒原则设计，通端螺纹用来控制被测螺纹的作用中径不得超过最大实体牙型的极限尺寸以及同时控制被测螺纹底径的极限值，若螺纹量规没有制造误差，通端螺纹则相当于最大实体牙型，它应具有完整的牙型，且通端螺纹的长度应等于被测螺纹的旋合长度；止端螺纹用来控制被测螺纹的单一中径（实际中径）不得超过最小实体牙型的极限尺寸，若螺纹量规没有制造误差，止端螺纹的尺寸则等于最小实体状态下的中径，其牙型应做成截短牙型的不完整轮廓，以减小螺距误差和牙型半角误差对检测结果的影响。

（3）螺纹的合格性判断

综上所述，普通螺纹一般均采用专用量规进行试装，按照泰勒原则判断，通规通过且止规不通过方为合格；对于精度要求较高的精密螺纹等，可采用单项测量的方法测得螺纹的各项几何参数，再按螺纹的尺寸及公差要求，通过查表计算与判断其中径和顶径是否合格，进而判断螺纹的合格性。下面通过举例来说明。

【例 3-2】已知一外螺纹的尺寸及公差要求为 M24×2—6g，加工后测得该螺纹实际大径 $d_{实际}=23.880$ mm，实际中径 $d_{2实际}=22.530$ mm，螺距累积误差 $\Delta P_{\Sigma}=+50$ μm，牙型半角误差 $\Delta \dfrac{\alpha_1}{2}=-25'$，$\Delta \dfrac{\alpha_2}{2}=+20'$。试判断中径和顶径是否合格，并查出所需旋合长度的范围。

【解】1）查表计算螺纹中径及顶径的极限尺寸

由表 3-22、表 3-25、表 3-26 分别查得中径 $d_2=22.701$ mm，基本偏差 es=-38 μm，中径公差 $T_{d2}=170$ μm，顶径公差 $T_d=280$ μm，计算得

$$d_{2max}=d_2+es=22.701+(-0.038)=22.663 \ （mm）$$
$$d_{2min}=d_{2max}-T_{d2}=22.663-0.170=22.493 \ （mm）$$
$$d_{max}=d+es=24+(-0.038)=23.962 \ （mm）$$
$$d_{min}=d_{max}-T_d=23.962-0.280=23.682 \ （mm）$$

2）判断中径的合格性

①由公式（3-1）得

$$f_p=1.732|\Delta P_{\Sigma}|=1.732×50=86.6 \ （μm）$$

②由公式（3-2）得

$$f_{\alpha/2}=0.073P\left(K_1\left|\Delta \frac{\alpha_1}{2}\right|+K_2\left|\Delta \frac{\alpha_2}{2}\right|\right)=0.073×2×(3×25+2×20)=16.8 \ （μm）$$

③由公式（3-3）得

$$d_{2作用}=d_{2单一}+f_p+f_{\alpha/2}=22.530+(86.6+16.8)×10^{-3}\approx22.634 \ （mm）$$

④由公式（3-5）可知，由于 $d_{2作用}=22.634$ mm ≤ $d_{2max}=22.663$ mm，故能够保证螺纹的旋合性；$d_{2单一}=d_{2实际}=22.530$ mm ≥ $d_{2min}=22.493$ mm，能够保证螺纹强度，所以该外螺纹的中径合格。

3）判断顶径的合格性

由于 $d_{\max} = 23.962$ mm $\leq d_{实际} = 23.880$ mm $\leq d_{\min} = 23.682$ mm，故能够保证螺纹连接的可靠性，所以该外螺纹的顶径合格。

4）选择旋合长度

一般情况应选用中等旋合长度，查表 3 - 29 得中等旋合长度范围为 8.5~25 mm。

3. 曲轴检测

以图 3 - 1 所示曲轴零件图为例，结合被测工件的外形、被测量位置、尺寸的大小和公差等级、生产类型、具体检测条件等因素，确定曲轴尺寸、形位公差检测的测量方案。

（1）尺寸检测

①$\phi 30_{-0.021}^{\ 0}$、$\phi 30_{-0.039}^{\ 0}$、$\phi 32_{-0.025}^{\ 0}$、$\phi 20_{-0.021}^{\ 0}$ 的尺寸检测：可用数显外径千分尺或立式光学计测量，测量结果与其值比较，做出合格性的判断。

②$5_{-0.036}^{\ 0}$ 的尺寸检测：可用内测千分尺测量，测量结果与其值比较，做出合格性的判断。

③$28_{-0.2}^{\ 0}$、$17_{-0.2}^{\ 0}$ 的尺寸检测：可用外径千分尺测量，测量结果与其值比较，做出合格性的判断。

④$67 \pm 0.023$ 的尺寸检测：可用外径千分尺测量，测量结果与其值比较，做出合格性的判断。

⑤$26 \pm 0.0165$ 的尺寸检测：可用内测千分尺测量，测量结果与其值比较，做出合格性的判断。

（2）形位误差检测（见表 3 - 33~表 3 - 37）

表 3 - 33　圆锥素线直线度、圆度、圆柱度的测量

测量设备	三坐标测量机
测量目的	（1）掌握直线度、圆度、圆柱度的测量方法； （2）掌握直线度、圆度、圆柱度公差的含义
测量步骤	具体方法如下： 1. 准备工作 （1）将工件放置于检测平台上，为便于测量，用两个等高 V 形块分别支承主轴颈的两端，用矩形垫块支承连杆轴颈，使主轴颈和连杆轴颈轴线形成的平面基本处于水平。 （2）检验测头：选用 20×ϕ2 的测头，测量圆锥、圆柱面，利用三坐标自带的校验球校验测头角 A0B0。 2. 建立工件坐标系 （1）分别测量主轴颈和连杆轴颈柱体，用两柱体轴线构造一平面。 （2）测量曲轴最左端平面 2，在左端主轴颈上测量一圆 1，并投影在平面 2 上。 （3）利用 3-2-1 原理建立工件坐标系。 3. 测量元素 （1）圆锥测量：用 A0B0 测头角在曲轴左侧圆锥表面分别取两层大于 6 个点，拟合成圆锥体。 （2）左侧主轴颈测量：用 A0B0 测头角在曲轴左侧主轴颈表面分别取两层大于 6 个点，拟合成圆柱体。

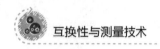

测量步骤	（3）用同样的方法测量右侧主轴颈，拟合成圆柱体。 （4）连杆轴颈测量：用 AOBO 测头角在连杆轴颈表面分别取两层大于 6 个点，拟合成圆柱体。 （5）左侧平面测量：用 AOBO 测头角在其表面分别取大于 3 个点，拟合成平面 3。 （6）同理测量右侧平面，拟合成平面 4。 **4. 公差评价** （1）圆锥直线度误差：取圆锥体圆锥度误差。 （2）圆锥圆度误差：用软件中的圆锥功能构造不同截面的圆，计算圆度误差。 （3）左侧主轴颈圆柱度误差：取圆柱体圆柱度误差。 （4）左侧主轴颈径向圆跳动误差：用圆柱体相对基准（即 X 轴）计算跳动误差。 （5）同理计算右侧主轴颈圆柱度误差和径向跳动误差。 （6）左侧垂直度误差：用左侧平面 3 相对基准计算垂直度误差。 （7）连杆轴颈圆柱度误差：取连杆轴颈圆柱体圆柱度误差。 （8）连杆轴颈平行度误差：用连杆轴颈的轴线相对基准计算其平行度误差。 **5. 输出报告** 根据公差评价的顺序将其依次输出，必要时可插入图形公差

表 3-34 径向圆跳动误差的测量

测量设备	偏摆检查仪、杠杆百分表
测量目的	（1）掌握径向圆跳动的测量方法； （2）掌握径向圆跳动公差的含义
测量步骤	如图 3-49 所示： （1）将曲轴擦净，置于偏摆仪两顶尖之间，使零件转动自如，但不允许轴向窜动，然后固紧两顶尖座，当需要卸下零件时，一手扶着曲轴，一手向下按手柄取下零件。 （2）将百分表装在表架上，使表杆通过曲轴轴心线，并与轴心线大致垂直，测头与曲轴 $\phi 30$ 主轴颈表面接触，并压缩 1~2 圈后紧固表架。 （3）转动曲轴一周，记下百分表读数的最大值和最小值，该最大值与最小值之差为该截面的径向圆跳动误差。 （4）测量应在轴向的若干个截面上进行，取多个截面中圆跳动误差的最大值，为该零件的径向圆跳动误差。 （5）测量结果与径向圆跳动公差 0.02 mm 比较，做出合格性的判断  图 3-49 偏摆检查仪检测曲轴径向圆跳动误差

表 3 - 35　对称度误差的测量

测量设备	等高 V 形块、杠杆百分表
测量目的	（1）掌握对称度的测量方法； （2）掌握对称度公差的含义
测量步骤	如图 3 - 50 所示： （1）将曲轴擦拭干净，将两个等高 V 形块放置于平板上，用等高 V 形块将 $\phi30$ mm 的两轴颈支承起来，用 V 形块模拟公共基准轴线。 （2）将定位块放入键槽中，用定位块模拟键槽的对称中心面。检测时，先将定位块的上表面调平，按一定的测点位置测得上表面各测点示值。 （3）将被测零件翻转 180°，测得下表面与上表面测点相对应各测点示值。取测量截面内对应两测点的最大差值，作为该零件的径向对称度误差。 （4）分别将上、下两表面上所测点的最大与最小的读数差值进行比较，取其中较大一个差值作为该零件键槽长度方向的对称度误差。 （5）将径向对称度误差与键槽长度方向的对称度误差进行比较，取较大者作为该零件的对称度误差。 （6）测量结果与对称度公差 0.02 mm 比较，做出合格性的判断 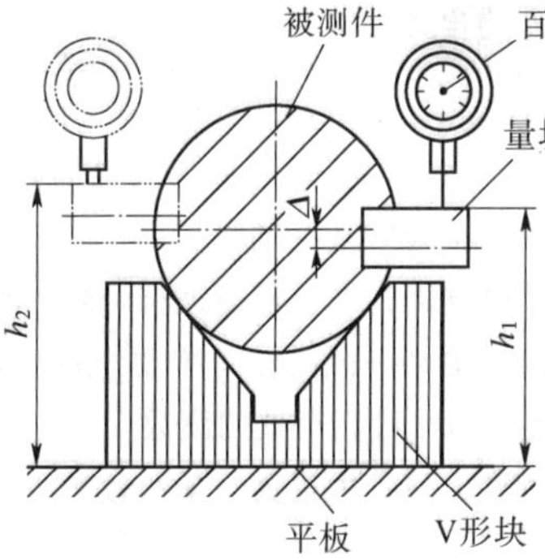 图 3 - 50　对称度误差检测

表 3 - 36　垂直度动误差的测量

测量设备	偏摆仪、杠杆百分表
测量目的	（1）掌握垂直度的测量方法； （2）掌握垂直度的含义
测量步骤	如图 3 - 51 所示： （1）将曲轴擦净，置于偏摆仪两顶尖之间，使零件转动自如，但不允许轴向窜动，然后固紧两顶尖座，当需要卸下零件时，一手扶着曲轴，一手向下按手柄取下零件。 （2）将百分表装在表架上，测头与曲轴被测端面接触，并压缩 1~2 圈后紧固表架。 （3）在该表面上取若干个点，记录读数，取其中最大与最小读数之差作为该被测表面的垂直度误差。 （4）同理，可测另一侧的垂直度误差。 （5）测量结果与垂直度公差 0.02 mm 比较，做出合格性的判断

续表

测量步骤	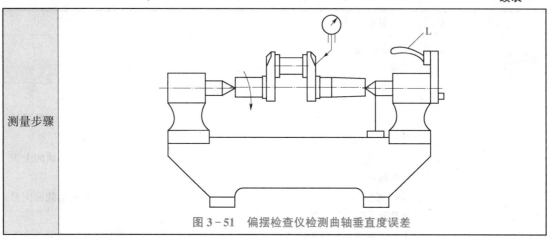图 3-51 偏摆检查仪检测曲轴垂直度误差

表 3-37 平行度误差的测量

测量设备	等高 V 形块、杠杆百分表
测量目的	（1）掌握平行度误差的测量方法； （2）掌握平行度公差的含义
测量步骤	如图 3-52 所示： （1）将曲轴擦拭干净，将两个等高 V 形块放置于平板上，用等高 V 形块将 φ30 mm 的两轴颈支承起来，用 V 形块模拟公共基准轴线。 （2）用直角尺靠紧曲轴侧面，调整使得连杆轴颈大致处于最高处的位置。 （3）将杠杆百分表测头沿某一截面径向移动，通过最高点，记录最高点处读数，同样的方法取若干截面，记录各个截面最高点处的读数。 （4）比较若干截面读数，取其中最大与最小读数差作为该连杆轴颈相对主轴颈的公共轴线的平行度误差。 （5）测量结果与平行度公差 0.02 mm 比较，做出合格性的判断 图 3-52 曲轴平行度误差检测

（3）螺纹误差的检测

外螺纹 M16-7h 的检验：可采用螺纹环规和光滑极限卡规检测，查表确定螺纹中径和顶径公差。螺纹环规通端检验螺纹的作用中经，同时控制螺纹小径的最大极限尺寸；螺纹环规止端检验螺纹的单一中经；螺纹大径用光滑极限卡规检验。检验时，若螺纹环规通端能通过或旋合被测螺纹，止端不能通过被测螺纹或不能完全旋合，光滑卡规通端通过螺纹，止端不通过螺纹，就表示被测螺纹的中径、顶径合格。

3.4　项目拓展

分析如图 3－53 所示连杆零件的尺寸公差及形位公差要求，确定测量方案，测量该零件。

项目拓展

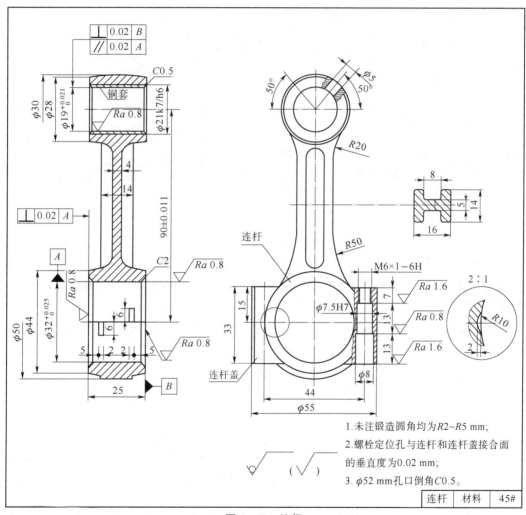

图 3－53　连杆

每课寄语

同学们：实现制造强国的光荣使命将落在你们这一代年轻人的身上，所以从现在开始就要树

立远大的职业目标，规划好自己的职业生涯，一步一个脚印，扎扎实实地向着职业目标迈进！

互换性生产要求每个人尽职尽责、团结协作，才能完成一项复杂的工作。同学们在学习和工作中要做到认真负责，要学会交流沟通、友好协作。

习题 3

3-1 形位公差项目共有几项？其名称和符号是什么？

3-2 试解释图 3-54 注出的各项形位公差（说明公差特征名称、被测要素、基准要素、公差带形状、大小、方向和位置）。

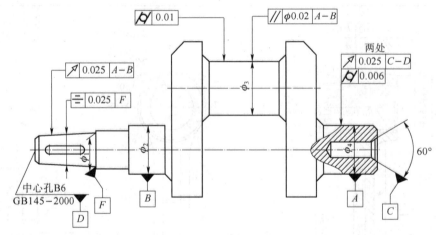

图 3-54 习题 3-2 图

3-3 什么是最小条件？评定位置误差的最小包容区与评定形状误差的最小包容区有何不同？

3-4 试述独立原则、包容要求、最大实体要求及最小实体要求的应用场合。

3-5 按图 3-55 的标注填表 3-38。

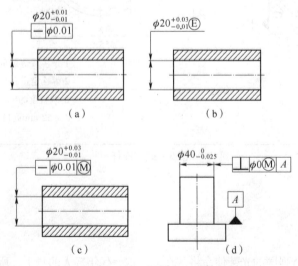

图 3-55 习题 3-5 图

表 3-38 习题 3-5 表

图样序号	遵守公差原则或公差要求	遵守边界及边界尺寸	最大实体尺寸/mm	最小实体尺寸/mm	最大实体状态时的形位公差/μm	最小实体状态时的形位公差/μm	实际尺寸合格范围
(a)							
(b)							
(c)							
(d)							

3-6 如图 3-56 所示，若实测零件的圆柱直径为 φ19.97 mm，则其轴线对基准平面 A 的垂直度误差为 φ0.04 mm，试判断其垂直度是否合格？为什么？

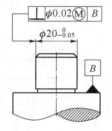

图 3-56 习题 3-6 图

3-7 指出图 3-57 中两图形位公差的标注错误，并加以改正（不改变形位公差特征符号）。

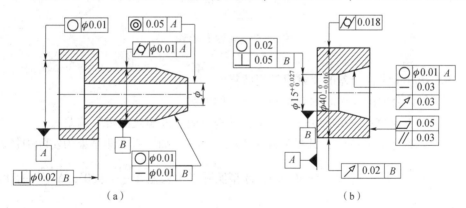

图 3-57 习题 3-7 图

3-8 用水平仪测量某导轨的直线度误差，如图 3-58 所示，依次测得各点读数 a_i 并列入表 3-39 中，用图解法按最小条件评定其直线度误差（水平仪的分度值 $i = 0.02$ mm/m，跨距 $L = 200$ mm）。

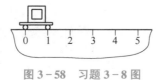

图 3-58 习题 3-8 图

表 3-39 习题 3-8 表

点序	1	2	3	4	5
读数 a_i（格）	-1.5	+3	+0.5	-2.5	+1.5

3-9 将下列技术要求标注在图 3-59 上。

（1）ϕ30H7 内孔表面圆度公差为 0.006 mm。

（2）ϕ15H7 内孔表面圆柱度公差为 0.008 mm。

（3）ϕ30H7 孔心线对 ϕ15H7 孔心线的同轴度公差为 ϕ0.05 mm，并且被测要素采用最大实体要求。

（4）ϕ30H7 孔底端面对 ϕ15H7 孔心线的端面圆跳动公差为 0.05 mm。

（5）ϕ35h6 的形状公差采用包容要求。

（6）圆锥面的圆度公差为 0.01 mm，圆锥面对 ϕ15H7 孔心线的斜向圆跳动公差为 0.05 mm。

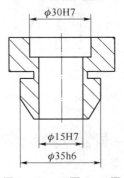

图 3-59 习题 3-9 图

3-10 图样上未注公差的要素应如何解释？

3-11 形位公差的检测原则有哪些？试举例说明。

3-12 说明 M24×2—6H/5g6g 的含义，并查出内、外螺纹的极限偏差。

3-13 某螺母 M20—7H，其粗牙螺距 $P = 2.5$ mm。加工后实测结果为实际中径 $D_{2实际} = 18.61$ mm，螺距累积误差 $\Delta P_\Sigma = +40$ μm，牙型实际半角误差 $\Delta\frac{\alpha_1}{2} = +30'$，$\Delta\frac{\alpha_2}{2} = -50'$，试判断该螺母的合格性。

阀盖公差配合分析与检测

1. 能进行表面粗糙度评定参数的选用、标注及其测量；
2. 能进行光滑极限量规的设计及使用；
3. 具有对典型阀盖类零件进行公差配合分析和检测方案设计与实施测量的能力。

1. 表面粗糙度的基本概念及其评定参数；
2. 表面粗糙度的标注及其选用；
3. 表面粗糙度的测量；
4. 光滑极限量规的设计及使用。

4.1　项目任务卡

本项目以阀盖零件为例介绍 GB/T 1031—2009《产品几何技术规范（GPS）表面结构 轮廓法 表面粗糙度参数及其数值》。表面结构是表面粗糙度、表面波纹度、表面缺陷、表面纹理和表面几何形状的总称，这里介绍表面粗糙度，其中包括表面粗糙度产生的原因及其对零件使用性能的影响，表面粗糙度的评定参数、标注、选用、检测，以及光滑极限量规的设计与使用。图 4－1 所示为阀盖零件图。

4.2　知识链接

4.2.1　表面粗糙度的基本概念

表面粗糙度

1. 表面粗糙度的定义

表面粗糙度（也称微观不平度）是微小峰谷的高低程度和间距状况，是一种微观几何形状误差，是衡量零件表面质量的一项技术指标。无论是机械加工后的零件表面，还是用其他方法获得的零件表面，看起来很光滑，经放大观察却凹凸不平，总会存在几何

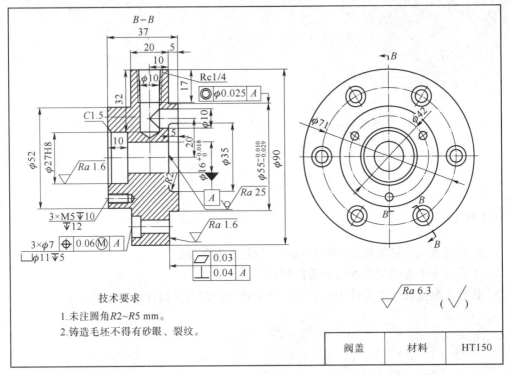

图 4-1　阀盖零件图

形状误差。这些几何形状误差分为宏观几何形状误差（即形状误差）、表面波纹度（即波度）和微观几何形状误差（即表面精糙度）三类。目前，通常按照表面轮廓误差曲线相邻两波峰或两波谷之间的距离（波距）λ 的大小来划分，波距大于 10 mm 的属于形状误差，波距在 1~10 mm 之间的属于波度，波距小于 1 mm 的属于表面粗糙度，如图 4-2 所示。

阀盖公差分析

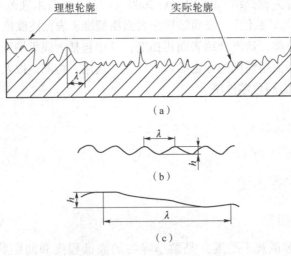

图 4-2　表面粗糙度

（a）表面轮廓；（b）表面波度；（c）形状误差

加工零件时，由于刀具在零件表面上留下刀痕和切削分裂时表面金属的塑性变形等影响，使零件表面存在着间距较小的轮廓峰谷。这种表面上具有较小间距的峰谷所组成的微观几何形状特性，称为表面粗糙度。表面粗糙度很小（在 1 mm 以下），用肉眼是难以区别的，因此它属于微观几何形状误差。

2. 表面粗糙度对零件使用性能的影响

表面粗糙度值越小，表面越光滑；反之，则越粗糙。表面粗糙度值的大小对机械零件的使用性能和寿命有很大的影响，尤其是在高温、高压、高速条件下影响更大，主要表现在以下几个方面。

（1）表面粗糙度影响配合性质的稳定性

对间隙配合，表面越粗糙，相对运动的表面就越易磨损，使工作过程中间隙逐渐增大，从而引起配合性质的改变，特别是在零件尺寸小和公差小的情况下，此影响尤为明显；对过盈配合，由于装配时表面轮廓峰顶易被挤平，故减小了实际有效过盈，降低了连接强度，影响配合性质的稳定性。

（2）表面粗糙度影响零件的耐磨性

表面越粗糙，摩擦系数就越大，摩擦阻力也越大，两接合面的磨损也就加快。此外，表面越粗糙，两配合表面间的有效接触面积越小，单位面积所受压力越大，故更易磨损。

但是需要指出，过于光滑的表面，则不利于润滑油的储存，使之形成半干摩擦甚至干摩擦，有时还会增加零件接触面的吸附力，反而使摩擦系数增大，加剧磨损。

（3）表面粗糙度影响零件的抗疲劳强度

粗糙零件的表面存在较大的波谷，它们像尖角缺口和裂纹一样，对应力集中很敏感，从而影响零件的疲劳强度。

（4）表面粗糙度影响零件的抗腐蚀性

粗糙的表面易使腐蚀性气体或液体通过表面的微观凹谷渗入到金属内层，造成表面腐蚀。

（5）表面粗糙度影响零件的密封性

粗糙的表面之间无法严密地贴合，气体或液体通过接触面间的缝隙渗漏。

（6）表面粗糙度影响零件的接触刚度

接触刚度是零件接合面在外力作用下，抵抗接触变形的能力。机器的刚度在很大程度上取决于各零件之间的接触刚度。

（7）影响零件的测量精度

零件被测表面和测量工具测量面的表面粗糙度都会直接影响测量的精度，尤其是在精密测量时。

此外，表面粗糙度对零件的镀涂层、导热性和接触电阻、反射能力和辐射性能、液体和气体流动的阻力、导体表面电流的流通等都会有不同程度的影响。

综上所述，表面粗糙度将直接影响机械零件的使用性能和寿命，因此，在对零件进行精度设计时，应对零件的表面粗糙度值加以合理确定。

4.2.2 表面粗糙度的评定参数

经加工获得的零件表面的粗糙度是否满足使用要求，需要进行测量和评定，在测量和评定表面粗糙度时，要确定取样长度、评定长度、中线和评定参数。

1. 基本术语及定义

（1）取样长度 *lr*

用于判别具有表面粗糙度特征的一段基准线的长度，称为取样长度。由于表面轮廓的不规则性，测量结果与测量段的长度密切相关，当测量段过短时，各处的测量结果会产生很大的差异；但当测量段过长时，测得的高度值中将不可避免地包含波纹度的幅值。因此，应选取一段适当长度进行测量，在取样长度范围内，至少包含 5 个以上的轮廓峰和轮廓谷，取样长度的方向与轮廓走向一致，如图 4-3 所示。

规定和选择取样长度是为了限制和减弱表面波纹度对表面粗糙度测量结果的影响。一般表面越粗糙，取样长度越大。

（2）评定长度 *ln*

由于加工表面有着不同程度的不均匀性，故为了充分合理地反映某一表面的粗糙度特性，规定在评定时所必需的一段表面长度，它包括一个或数个取样长度，称为评定长度 *ln*，如图 4-3 所示。在每一段取样长度内的测得值通常是不相等的，为取得表面粗糙度最可靠的值，一般取几个连续的取样长度进行测量，并以各取样长度内测量值的平均值作为测得的参数值。国家标准推荐 *ln* = 5*lr*，均匀性较差的轮廓表面可选 *ln* > 5*lr*，均匀性较好的轮廓表面可选 *ln* < 5*lr*。

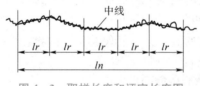

图 4-3 取样长度和评定长度图

取样长度和评定长度数值见表 4-1，一般情况下，按此表选用对应的取样长度及评定长度值。在图样上可省略标注取样长度值，当有特殊要求不能选用此表数值时，应在图样上标注取样长度值。

表 4-1 取样长度和评定长度的选用值（摘自 GB/T 1031-2009）

$Ra/\mu m$	$Rz/\mu m$	lr/mm	ln/mm（$ln = 5lr$）
≥0.008~0.02	≥0.025~0.10	0.08	0.4
>0.02~0.10	>0.10~0.50	0.25	1.25
>0.10~2.0	>0.50~10.0	0.8	4.0
>2.0~10.0	>10.0~50.0	2.5	12.5
>10.0~80.0	>50.0~320	8.0	40.0

（3）轮廓中线

轮廓中线是评定表面粗糙度数值的基准线。轮廓中线的方向与工件表面轮廓的走向一致。轮廓中线有以下两种确定方法。

1）轮廓的最小二乘中线

轮廓的最小二乘中线是根据实际轮廓，在取样长度内，使被测轮廓线上各点至一条假想线距离（轮廓偏距）的平方和最小，这条假想线就是最小二乘中线，如图4-4所示。轮廓偏距是指轮廓线上的点到基准线的距离，如 y_1、y_2、y_3、$\cdots$、y_n。轮廓最小二乘中线的数学表达式为

$$\int_0^l y^2 \mathrm{d}x = 最小值$$

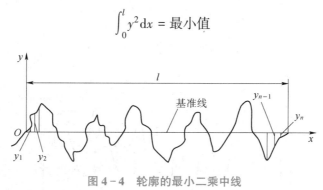

图4-4 轮廓的最小二乘中线

2）轮廓的算术平均中线

轮廓的算术平均中线是在取样长度内，由一条假想线将实际轮廓分成上下两部分，且使上部分面积之和等于下部分面积之和，即 $F_1+F_3+\cdots+F_{2n-1} = F_2+F_4+\cdots+F_{2n}$，这条假想线就是轮廓的算术平均中线，如图4-5所示。

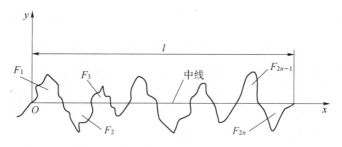

图4-5 轮廓的算术平均中线

轮廓的最小二乘中线符合最小二乘原则，用最小二乘方法确定的中线是唯一的，从理论上讲是理想的基准线，但在轮廓图形上确定最小二乘中线的位置比较困难，故很少应用。算术平均中线与最小二乘中线的差别很小，实际上通常用算术平均中线代替最小二乘中线，用目测估计的办法来确定轮廓的算术平均中线，其是一种近似的图解法，较为简便，因而得到广泛应用。

2. 评定参数

为了完善地评定零件表面实际轮廓的粗糙程度，需要从不同方向规定适当的参数。国家标准 GB/T 1031—2009 规定的评定表面粗糙度的参数有高度特征参数、间距特征参数及形状特征参数等。下面介绍其中几种常用的评定参数。

（1）高度特征参数

高度特征参数是反映表面微观几何形状高度方面的特征参数，是沿着垂直于评定基准线

的方向测量的。表面粗糙度的高度特征参数共有两个，即轮廓算术平均偏差 Ra 和轮廓最大高度 Rz。

1）轮廓算术平均偏差 Ra

轮廓算术平均偏差 Ra 是在取样长度内的轮廓偏距绝对值的算术平均值，也就是沿测量方向轮廓线上的点与基准线之间距离绝对值的算术平均值，如图 4-6 所示。其数学表达式近似为

$$Ra = \frac{1}{n} \sum_{i=1}^{n} |y_i| \tag{4-1}$$

式中，y_i——第 i 点的轮廓偏距。

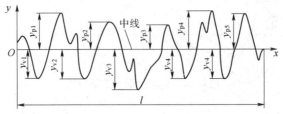

图 4-6　轮廓算术平均偏差 Ra

测得的 Ra 值越大，则表面越粗糙。Ra 参数能充分反映表面微观几何形状高度方面的特性，概念直观，且测量方便，因而标准推荐优先选用 Ra，Ra 是实际工作中普遍采用的评定参数。

2）轮廓最大高度 Rz

轮廓最大高度是指在取样长度内，轮廓最高峰顶线和最低谷底线之间的距离，如图 4-7 所示。其数学表达式为

$$Rz = Rp + Rm \tag{4-2}$$

式中，Rp——轮廓最高峰值；

Rm——轮廓最低谷值。

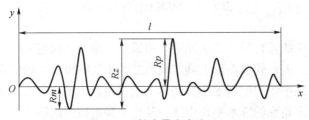

图 4-7　轮廓最大高度 Rz

Rz 常用于不允许有较深加工痕迹的工作表面和被测面积很小、不宜采用 Ra 的表面。Rz 只能反映表面轮廓的最大高度，不能反映微观几何形状特征。

国标规定了 Ra、Rz 两个参数的数值系列，分别见表 4-2 和表 4-3。根据零件表面功能和生产的经济合理性，表中的"系列值"（未加下划线）应优先选用，不能满足要求时，可选取"补充系列"（加下划线）中的数值。在高度特征参数常用的参数值范围内（Ra 为 0.025~6.3 μm，Rz 为 0.1~25 μm）推荐优先选用 Ra。

表 4-2　Ra 的数值　　　　　　　　　　　　　　　　　　μm

Ra	0.012	0.125	2	32
	0.016	0.16	2.5	40
	0.020	0.2	3.2	50
	0.025	0.4	6.3	63
	0.05	0.8	12.5	80
	0.1	1.6	25	100

表 4-3　Rz 的数值　　　　　　　　　　　　　　　　　　μm

Rz	0.025	0.4	5.0	63	1 000
	0.032	0.5	6.3	100	1 250
	0.05	0.8	8	125	1 600
	0.063	1.25	12.5	200	
	0.1	1.6	25	400	
	0.2	3.2	50	800	

（2）间距特征参数

间距特征参数是反映零件表面加工纹理的细密程度的特征参数，是沿着评定基准线方向测量的，用轮廓单元平均宽度 Rsm 表示，用于对密封性、涂漆性能、抗裂纹和抗腐蚀等有要求的表面。其值越小，表示轮廓表面越细密，密封性越好，参数值见表 4-4。

表 4-4　RSm 的数值　　　　　　　　　　　　　　　　　　mm

Rsm	0.006	0.1	1.6
	0.012 5	0.2	3.2
	0.025	0.4	6.3
	0.05	0.8	12.5

（3）形状特征参数

形状特征参数是反映零件表面耐磨性的特征参数，用于对耐磨性和接触刚度有要求的表面，形状特征参数用轮廓支承长度率 $Rmr(c)$ 表示，其值越大，表示轮廓表面耐磨性越好，参数值见表 4-5。

表 4-5　$Rmr(c)$ 的数值　　　　　　　　　　　　　　　　%

Rmr(c)	10	15	20	25	30	50	60	70	80	90

国标规定，通常只给出高度特征参数，只有零件表面有特殊使用要求时才选用间距或形状特征参数。

4.2.3　表面粗糙度的标注

国家标准 GB/T 1031-2009 规定了表面粗糙度的符号、代号及其在图样

表面粗糙度 2

上的标注方法。

表面粗糙度基本符号的画法如图 4-8 所示，图 4-8 中 H 为字体高度。

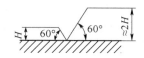

图 4-8　表面粗糙度的基本符号

1. 表面粗糙度的符号

表面粗糙度的符号在图样上用细实线画出。如仅需要表示加工方法，而对表面粗糙度的其他规定没有要求，则允许只标注表面粗糙度符号。表面粗糙度符号及其意义见表 4-6。

表 4-6　表面粗糙度符号及其意义（摘自 GB/T 1031-2009）

符号	意义及说明
√	基本图形符号，表示表面可用任何方法获得。当不加注粗糙度参数值或有关说明时，仅适用于简化代号标注
✓	基本符号加一短划，表示表面是用去除材料的方法获得。如车、铣、刨、磨、钻、剪切、抛光、腐蚀、电火花加工、气割等
⊘	基本符号加一小圆，表示表面是用不去除材料方法获得。如铸、锻、冲压变形、热轧、粉末冶金等，或者是用于保持原供应状况的表面（包括保持上道工序的状况）
▔√　▔⋁　▔⊘	在上述三个符号的长边上加一横线，用于标注有关参数和说明
⌐√　⌐⋁　⌐⊘	在上述三个符号的长边上加一小圆，表示所有表面具有相同的表面粗糙度要求

2. 表面粗糙度的代号及标注

表面粗糙度符号上注写出所要求的表面特征参数后，即构成表面粗糙度代号，它是对该表面完工后的要求。表面粗糙度数值及其有关规定在符号中注写的位置如图 4-9 所示。通常情况下，只标注表面粗糙度评定参数代号及其允许值，当对零件表面有特殊要求时，还要标出表面特征的其他规定，如取样长度、加工纹理方向和加工余量等。

图 4-9　表面粗糙度代号及其注法
a—第一个表面粗糙度（单一）要求（单位为微米），不可省略；
b—表面粗糙度间距参数值（单位为 mm）或轮廓支承长度率，有特殊要求时标注；
c—加工方法（车、铣、磨、镀等）；d—加工纹理方向符号；e—加工余量（单位为 mm）

3. 表面粗糙度的单一要求 a 处标注示例

以图 4 - 10 所示为例说明单一要求位置 a 处的标注，其中包括 6 部分，分别为：上、下限符号，传输带和取样长度，参数代号，评定长度，极限值判断规则，参数极限值。

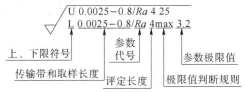

图 4 - 10　单一要求位置 a 处的标注

（1）上、下限符号

表示双向极限时应标注上限符号 U 和下限符号 L 或可省略 U 和 L；若为单向上限值 U 可省略，若为单向下限值 L 不可省略。

（2）传输带和取样长度

传输带是指两个滤波器的截止波长值之间的波长范围，即被一个短波滤波器和另一个长波滤波器所限制，见表 4 - 7。长波滤波器的截止波长值就是取样长度，传输带即是评定时的波长范围，使用传输带的优点是测量的不确定度大为减少。

表 4 - 7　*Ra*、*Rz*、*Rsm* 的标准取样长度和评定长度

（GB/T 1031，6062，10610—2009）

Ra/μm	*Rz*/μm	*Rsm*/mm	$\lambda_s - \lambda_c$/mm	$lr = \lambda_c$/mm	$ln = 5lr$/mm
≥0.008~0.02	≥0.025~0.1	≥0.013~0.04	0.002 5~0.08	0.08	0.4
>0.02~0.1	>0.1~0.5	>0.04~0.13	0.002 5~0.25	0.25	1.25
>0.1~2.0	>0.5~10	>0.13~0.4	0.002 5~0.8	0.8	4.0
>2.0~10	>10~50	>0.4~1.3	0.008~2.5	2.5	12.5
>10~80	>50~320	>1.3~4	0.025~8	8.0	40

（3）参数代号

Ra 或 *Rz* 与前面的传输带用"/"隔开。

（4）评定长度

当默认的评定长度为 5 个取样长度时，可省略标注。如果不是 5 个取样长度，则应注出取样长度的个数。

（5）极限值判断规则

"16%规则"：默认可以省略，表示用同一个参数及评定长度，测值大于（或小于）规定值的个数不超过总数的 16%，则该表面合格。

Max："最大规则"在被检的整个表面上，参数值一个也不能超过规定值。

（6）参数极限值

参数极限值由表 4 - 2、表 4 - 3 中选取，数值单位为微米。

4. 加工纹理方向符号

加工纹理方向符号见表4-8，标注在图4-9中 d 的位置处。

表4-8　加工纹理方向符号

符号	说明	示意图	符号	说明	示意图
=	纹理平行于视图所在的投影面		C	近似同心圆且圆心与表面中心相关	
⊥	纹理垂直于视图所在的投影面		R	近似放射状且与表面圆心相关	
×	纹理呈两斜向交叉且与视图所在的投影面相交		P	微粒、凸起、无方向	
M	多方向				

注：1. 表中所列符号不能清楚地表明所要求的纹理方向时，应在图样上用文字说明。

　　 2. 若没有指定测量方向，则该方向垂直于被测表面加工纹理，即与 Ra、Rz 的最大值相一致。

　　 3. 对无方向的表面，测量截面的方向可以是任意的。

5. 表面粗糙度标注示例

（1）　Ra 3.2

表示用去除材料的方法获得，单向上限值，U 省略，默认传输带省略，轮廓算术平均偏差 Ra 为 3.2 μm，评定长度为 5 个取样长度（默认），"16% 规则"（默认省略）。

（2）　Rz 0.2

表示用不去除材料的方法获得，单向上限值，U 省略，默认传输带省略，轮廓的最大高度为 0.2 μm，评定长度为 5 个取样长度（默认），"16%规则"（默认省略）。

（3）

$$\sqrt{Ra\ max\ 6.3}$$

表示用去除材料的方法获得，单向上限值，U 省略，默认传输带省略，轮廓算术平均偏差 Ra 为 6.3 μm，评定长度为 5 个取样长度（默认），"最大规则"（必须标注 max）。

（4）

$$\underset{C}{\sqrt{\overset{铣}{\underset{0.008-4/Ra\ 6.3}{0.008-4/Ra\ 50}}}}$$

表示用去除材料的方法获得，双向极限值，上限值轮廓算术平均偏差 Ra 为 50 μm，下限值轮廓算术平均偏差 Ra 为 6.3 μm，省略 U 和 L，传输带均为 0.008-4 mm，默认评定长度 5×4＝20（mm），均为"16%规则"（默认省略）。

加工方法为铣削，加工纹理方向符号 c 表示纹理呈近似同心圆且圆心与表面中心相关。

（5）

$$\sqrt{L\ Ra\ 1.6}$$

表示任意加工方法，单向下限值，L 不可省略，默认传输带，轮廓算术平均偏差 Ra 为 1.6μm，默认评定长度为 5 个取样长度，"16%规则"（默认省略）。

（6）

$$\sqrt{\overset{磨}{\underset{-2.5/Rz\ max\ 6.3}{Ra\ 1.6}}}$$

表示用去除材料的方法获得，两个单向上限值。

$Ra1.6$：默认传输带，轮廓算术平均偏差 Ra 为 1.6 μm，默认评定长度为 5 个取样长度，"16%规则"（默认省略）。

$Rz\ max6.3$：传输带为-2.5 mm，默认评定长度 5×2.5＝12.5（mm），轮廓的最大高度为 6.3 μm，"最大规则"（必须标注 max）。

加工方法为磨削，加工纹理方向符号"⊥"表示纹理垂直于视图所在的投影面。

6. 表面粗糙度在图样中的标注（GB/T 131—2006）

①表面粗糙度对每一表面一般只标注一次，并尽可能标注在相应的尺寸及其公差的同一视图上。除非另有说明，否则所标注的表面粗糙度是对完工零件表面的要求。

②表面粗糙度在图样上的标注方法，总的原则是使表面粗糙度的注写和读取方向与尺寸的注写和读取方向一致，如图 4－11 所示。

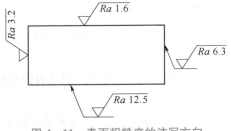

图 4－11　表面粗糙度的注写方向

③表面粗糙度可注在轮廓线上，其符号应从材料外指向材料内，并与表面轮廓线接触，如图 4－12 所示。必要时，表面粗糙度也可用带箭头或黑点的指引线引出标注，如图 4－13 所示。

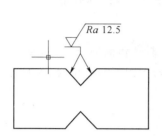

图 4-12 表面粗糙度在轮廓线上的注写

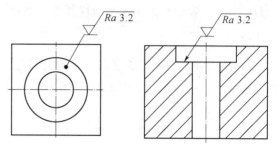

图 4-13 用指引线引出标注表面粗糙度

④在不致引起误解时，表面粗糙度可以标注在给定的尺寸线上，如图 4-14 所示。

⑤表面粗糙度可标注在形位公差框格的上方，如图 4-15 所示。

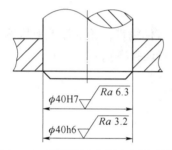

图 4-14 表面粗糙度标注在尺寸线上

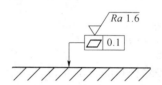

图 4-15 表面粗糙度注写在形位公差框格上方

⑥圆柱表面的表面粗糙度只标注一次，如图 4-16 所示。

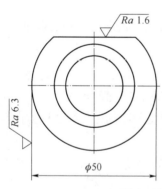

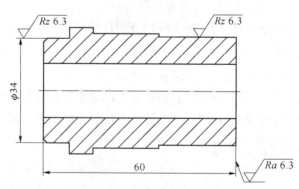

图 4-16 表面粗糙度在圆柱面延长线上的标注

⑦如果工件的全部表面具有相同的表面粗糙度，则其表面粗糙度可统一标注在图样的标题栏附近，如图 4-17 (a) 所示。

⑧如果工件的多数表面有相同的表面粗糙度，则其表面粗糙度可统一标注在图样的标题栏附近，并在表面粗糙度符号后面的括号内给出无任何其他标注的基本符号，如图 4-17 (b) 所示；或将已在图形上注出的不同表面粗糙度符号——抄注在括号内，如图 4-17 (c) 所示。

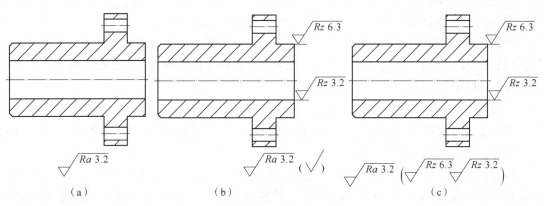

图4-17　相同表面粗糙度的简化标注

4.2.4　表面粗糙度的选用

零件表面粗糙度是评定零件表面质量的一项技术指标，零件表面粗糙度要求越高（即表面粗糙度参数值越小），则其加工成本也越高。因此，应在满足零件表面功能的前提下，合理选用表面粗糙度。表面粗糙度的选择主要包括评定参数的选择和参数值的选择。

1. 表面粗糙度评定参数的选择

评定参数的选择应考虑零件使用功能的要求、检测的方便性及设备条件等因素。

国家标准规定，高度特征参数（Ra、Rz）是必须标注的基本评定参数，在常用值范围内，应优先选用Ra，因为Ra能充分反映零件表面的微观几何形状特征，且测量方便；对于特别粗糙或特别光滑的表面，考虑到工作和检测条件，可选用Rz。

间距和形状特征参数不能单独选用，只能作为高度参数的附加参数，在零件表面有特殊功能要求时选用。一般情况下，对涂镀性、密封性有特殊要求的表面，应选用轮廓单元平均宽度（Rsm）；对支承刚度、耐磨性有特殊要求的表面，应选用轮廓支承长度率$Rmr(c)$。

2. 表面粗糙度评定参数值的选择

表面粗糙度数值对零件使用情况有很大影响。一般说来，表面粗糙度数值小，会提高配合质量，减少磨损，延长零件使用寿命，但零件的加工费用会增加。因此，要正确、合理地选用表面粗糙度数值。在设计零件时，表面粗糙度数值的选择是根据零件在机器中的作用决定的，它的选择方法有三种，即计算法、试验法和类比法。在机械零件设计工作中，应用最普遍的是类比法，此法简便、迅速、有效，其总的选择原则是：在保证满足技术要求的前提下，选用较大的表面粗糙度数值。具体选择时，可以参考下述原则：

①同一个零件上，工作表面比非工作表面的粗糙度数值小。

②摩擦表面比非摩擦表面的粗糙度数值小，滚动摩擦表面比滑动摩擦表面要求的粗糙度数值小。

③运动速度高、单位面积压力大、受交变载荷作用的零件表面，以及容易产生应力集中的沟槽、圆角部位应选用较小的粗糙度数值。

④配合精度要求高的接合表面，粗糙度参数值应小些。如小间隙配合表面及要求连接可靠且受重载作用的过盈配合表面，均应选用较小的粗糙度数值。

⑤配合表面的粗糙度应与其尺寸精度要求相当。当配合性质相同时，零件尺寸越小，则粗糙度数值越小；同一精度等级，小尺寸比大尺寸粗糙度数值要小，轴比孔粗糙度数值要小（特别是 IT8~IT5 的精度）。

⑥防腐蚀性、密封性要求高，或外形要求美观的表面，应选用较小的粗糙度数值。

⑦凡有关标准已对表面粗糙度作出规定的标准件或常用典型零件（如滚动轴承、齿轮等），应按相应的标准确定其表面粗糙度参数值。

应用类比法需要有充足的参考资料，现有的各种机械设计手册中都提供了较全面的资料和文献，其中最常用的是与公差等级相适应的表面粗糙度。表 4-9 列出了孔和轴的表面粗糙度参数推荐值，表 4-10 列出了表面粗糙度的表面特征、加工方法及应用举例，供类比时参考。

表 4-9　常用表面粗糙度参数推荐值

表面特征			$Ra/\mu m$ 不大于	
	公差等级	表面	基本尺寸/mm	
			到 50	大于 50~500
经常拆卸零件的配合表面（如挂轮、滚刀等）	5	轴	0.2	0.4
		孔	0.4	0.8
	6	轴	0.4	0.8
		孔	0.4~0.8	0.8~1.6
	7	轴	0.4~0.8	0.8~1.6
		孔	0.8	1.6
	8	轴	0.8	1.6
		孔	0.8~1.6	1.6~3.2

表面特征			$Ra/\mu m$ 不大于		
	公差等级	表面	基本尺寸/mm		
			到 50	大于 50~120	大于 120~500
过盈配合的配合表面装配（1）按机械压入法；（2）按热处理法	5	轴	0.1~0.2	0.4	0.4
		孔	0.2~0.4	0.8	0.8
	6~7	轴	0.4	0.8	1.6
		孔	0.8	1.6	1.6
	8	轴	0.8	0.8~1.6	1.6~3.2
		孔	1.6	1.6~3.2	1.6~3.2
	—	轴	1.6		
		孔		1.6~3.2	

续表

表面特征		$Ra/\mu m$ 不大于					
精密定心用配合的零件表面	表面	径向跳动公差/mm					
		2.5	4	6	10	16	25
		$Ra/\mu m$					
	轴	0.05	0.1	0.1	0.2	0.4	0.8
	孔	0.1	0.2	0.2	0.4	0.8	1.6
滑动轴承的配合表面	表面	公差等级				液体湿摩擦条件	
		6~9		10~12			
		$Ra/\mu m$ 不大于					
	轴	0.4~0.8		0.8~3.2		0.1~0.4	
	孔	0.8~1.6		1.6~3.2		0.2~0.8	

表 4 - 10　表面粗糙度的表面特征、加工方法及应用举例

表面微观特征		$Ra/\mu m$	$Rz/\mu m$	加工方法	应用举例
粗糙表面	微见刀痕	20	80	粗车、粗铣、粗刨、钻、毛锉、锯断等	粗加工非配合表面。如轴端面、倒角、钻孔、齿轮皮带轮侧面、键槽底面、垫圈接触面及不重要的安装支承面
半光表面	可见加工痕迹	10	40	车、铣、刨、镗、钻、粗绞等	半精加工表面。如轴上不安装轴承、齿轮等处的非配合表面，轴和孔的退刀槽、衬套、端盖、螺栓、螺母、齿顶圆、花键非定心表面等
	微见加工痕迹	5	20	车、铣、刨、镗、磨、拉、粗刮等	半精加工表面。如箱体、支架、套筒、非传动用梯形螺纹等及与其他零件接合而无配合要求的表面
	看不清加工痕迹	2.5	10	车、铣、刨、镗、磨、拉、刮、铣齿、滚压	接近精加工表面。如箱体上安装轴承的孔和定位销的压入孔表面及齿轮齿条、传动螺纹、键槽、皮带轮槽的工作面、花键接合面等
光表面	可辨加工痕迹方向	1.25	6.3	车、镗、磨、拉、刮、精绞、磨齿、滚压等	要求有定心及配合的表面。如圆柱销、圆锥销的表面，卧式车床导轨面，与P0、P6级滚动轴承配合的表面等
	微辨加工痕迹方向	0.63	3.2	精绞、精镗、磨、刮、滚压等	要求配合性质稳定的配合表面及活动支承面。如高精度车床导轨面、高精度活动球状接头表面等

续表

表面微观特征		$Ra/\mu m$	$Rz/\mu m$	加工方法	应用举例
光光表面	不可辨加工痕迹方向	0.32	1.6	精磨、珩磨、研磨、超精加工等	精密机床主轴锥孔、顶尖圆锥面、发动机曲轴和凸轮轴工作表面、高精度齿轮齿面、与P5级滚动轴承配合面等
极光表面	暗光泽面	0.16	0.8	精磨、研磨、普通抛光等	精密机床主轴轴颈表面、一般量规工作表面、气缸内表面、阀的工作表面、活塞销表面等
	亮光泽面	0.08	0.4	超精磨、精抛光、镜面磨削等	精密机床主轴轴颈表面、滚动轴承套圈滚道、滚珠及滚柱表面，工作量规的测量表面，高压液压泵中的柱塞表面等
	镜状光泽面	0.04	0.2	超精磨、精抛光、镜面磨削等	仪器的测量面、高精度量仪等
	镜面	0.01	0.05	镜面磨削、超精研等	量块的工作面、光学仪器中的金属镜面等

4.2.5 光滑极限量规设计

检验工件时，可采用普通计量器具测出工件实际尺寸和形位误差的数值。但对于设计规定遵守包容要求的大批量工件，若只需判断合格与否，则无须每次费时地测出具体数值，而只要用一对体现被测件两个极限尺寸的专用量规分别试装比较一下，即可快速判断被测件的实际尺寸和形状误差是否综合控制在两个极限尺寸范围内，也就判断出是否合格了。

量规是一种无刻度的定值检验量具，一种规格的量规只能检验同种规格的工件。量规按被检验工件的类别可分为光滑极限量规、位置量规、螺纹极限量规、圆锥量规、花键量规等。光滑极限量规是用来检验光滑圆柱工件是否合格的，是以工件极限尺寸作为量规的基本工作尺寸。由于量规结构设计简单、使用方便、可靠，检验工件的效率高，所以在机械制造行业大批量生产中应用广泛。

1. 光滑极限量规的检验原理

检验孔用的光滑极限量规是用来与被测孔试装比较的"模拟轴"，又称为塞规。由于要检验孔的实际尺寸是否在规定的两个极限尺寸范围内，因此，塞规是成对使用的。其中，一个是按被检验孔的下（最小）极限尺寸制造，试装检验时要通过被检验孔，才表示被测孔径大于下（最小）极限尺寸，所以叫通规（或通端）；另一个是按被检验孔的上（最大）极限尺寸制造，试装检验时要塞不进被检验孔，才表示被检验孔径小于上（最大）极限尺寸，所以叫止规（或止端）。通规通过、止规不通过，即说明孔的实际尺寸在规定的极限尺寸范围之内，被检验孔合格。如图4-18（a）所示，图中LMS表示最小实体尺寸，MMS表示最大实体尺寸。

同理，检验轴用的光滑极限量规是用来与被测轴试装比较的"模拟孔"，又称为卡规或环规。卡规的通规是按轴的上（最大）极限尺寸制造的，止规是按轴的下（最小）极限尺寸制造的。在检验轴时，卡规的通规通过被测轴，表示被测轴径小于上（最大）极限尺寸；卡规的止规通不过被测轴，表示被测轴径大于下（最小）极限尺寸，即说明被测轴合格。如图4-18（b）所示。

由此可知，量规的通规是按被测件最大实体尺寸制造的，止规是按被测件最小实体尺寸制造的。用量规检验零件时，只要通规通过、止规不通过，则说明被测件是在规定的两个极限尺寸范围内，是合格的，否则工件就不合格。

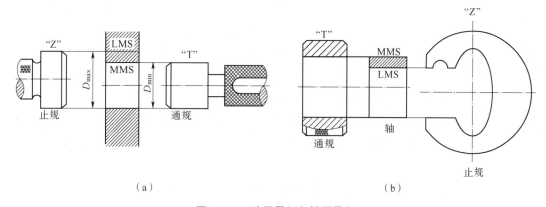

图4-18 孔用量规和轴用量规

（a）孔用量规；（b）轴用量规

光滑极限量规的标准是GB/T 1957-2006，适用于检测国标《极限与配合》（GB/T 1800.1-2020）规定零件的基本尺寸至500 mm、公差等级IT6~IT16的孔与轴。

2. 量规检验的判断原则

由于工件存在的形状误差也会影响装配效果，因此在用量规检验时，不能只是单纯地判断工件的实际尺寸是否在两个极限尺寸范围内，要正确、全面地判断需依据以下判断原则。

①对于孔，由于形状误差的存在，孔的有效容纳空间尺寸（即影响装配效果的作用尺寸）小于其实际尺寸。为了保证能正常装配，要限制孔的作用尺寸不小于下（最小）极限尺寸；为了保证孔的强度等，要限制孔在任何位置上的局部实际尺寸不大于上（最大）极限尺寸。

②对于轴，由于形状误差的存在，轴需要的有效装配空间尺寸（即影响装配效果的作用尺寸）大于本身实际尺寸。为了保证能正常装配，要限制轴的作用尺寸不大于上（最大）极限尺寸；为了保证轴的强度等，要限制轴在任何位置上的局部实际尺寸不小于下（最小）极限尺寸。

其中，孔的作用尺寸是指在配合面的全长上与实际孔内接的最大理想圆柱面直径；轴的作用尺寸是指在配合面的全长上与实际轴外接的最小理想圆柱面直径，如图4-19所示。

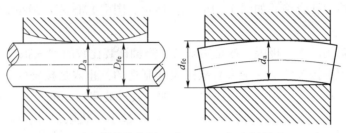

图 4-19 孔、轴体外作用尺寸 D_{fe}、d_{fe} 与实际尺寸 D_a、d_a

以上即极限尺寸判断原则（泰勒原则），用表达式表示如下。

对于合格的孔须同时满足：

$$D_{min} \leqslant D_{作用} \leqslant D_{max}$$
$$D_{min} \leqslant D_{实际} \leqslant D_{max}$$
$$D_{作用} \leqslant D_{实际}$$

以上三项合并为

$$D_{作用} \geqslant D_{min}（检验时，塞规的通端通过则判定满足此项要求）$$
$$D_{实际} \leqslant D_{max}（检验时，塞规的止端不通过则判定满足此项要求）$$

对于合格的轴须同时满足：

$$d_{min} \leqslant d_{作用} \leqslant d_{max}$$
$$d_{min} \leqslant d_{实际} \leqslant d_{max}$$
$$d_{实际} \leqslant d_{作用}$$

以上三项合并为

$$d_{实际} \geqslant d_{min}（检验时，卡规的止端不通过则判定满足此项要求）$$
$$d_{作用} \leqslant d_{max}（检验时，卡规的通端通过则判定满足此项要求）$$

用极限量规检验工件，即根据极限尺寸判断原则（泰勒原则）判断合格与否，这也是光滑极限量规的设计依据，用这种极限量规检验工件，可以保证工件公差与配合要求，达到互换的目的。

3. 量规的结构形式

由于被测工件存在形状误差，故检验工件的量规形状也有要求。如图 4-20 所示，图 4-20（a）中 D_M 为孔的最大实体尺寸，d_L 为轴的最小实体尺寸，T_D 为孔的公差，T_d 为轴的公差。图 4-20（b）所示为塞规止规、通规，图 4-20（c）所示为环规止规、通规。

根据泰勒原则的要求，光滑极限量规的通规是检验工件作用尺寸的，其工作面需模拟体现出工件的最大实体边界，故测量面理论上应该是全形（轴向剖面为整圆）且长度与工件长度相同，常称为全形量规。止规是检验工件的局部实际尺寸的，它的测量面理论上应该是点状的，测量面的长度则应短些（止规表面与被测件为点接触），称为不全形量规。

若量规的形状不正确，则可能产生误判。如图 4-21 所示，图中 1 为孔的实际轮廓，2 为孔的最小实体边界。孔的实际轮廓已超出了尺寸公差带，是不合格品。当该孔用全形通规

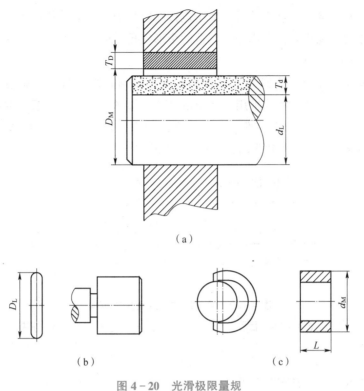

（a）

（b）　　　　　　　　　　　　　（c）

图 4 - 20　光滑极限量规

（a）轴孔配合及轴、孔公差；（b）塞规止规、通规；（c）环规止规、通规

检验时，不能通过；用两点式止规检验时，虽然沿 X 方向不能通过，但沿 Y 方向却能通过。因此，用正确形状的量规能判断出该不合格品。反之，该孔若用两点式通规检验，则可能沿 Y 方向通过；若用全形止规检验，则不能通过。这样一来，由于所使用的量规形状不正确，故可能把该孔误判为合格品。

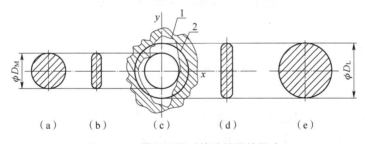

（a）　　　（b）　　　　　（c）　　　　　（d）　　　　　（e）

图 4 - 21　量规形状对检验结果的影响

1—孔的实际轮廓；2—孔的最小实体边界

　　在实际应用中，由于量规制造使用方面的一些困难，故允许有所偏离泰勒原则的形状要求。例如，为了用已标准化的量规，允许通规的长度小于接合长度；对于大孔，用全形塞规通规，既笨重又不方便，允许用不全形塞规；环规通规不便于检验曲轴，允许用卡规代替。

又如止规也不一定是两点式接触，由于点接触容易磨损，故一般用小平面、圆柱或球面代替；检验小孔的塞规止规，常用便于制造的全形塞规；刚性差的工件，考虑受力变形，常用全形的量规。

量规的结构形式很多，合理地选择使用，对正确判断检验结果影响很大。图 4-22 和图 4-23 分别给出了几种常用的轴用、孔用量规的结构形式及使用范围，供设计时选用。其中，左边纵向的"1""2"表示推荐顺序，推荐优先选用"1"行，具体应用时还可查阅GB/T 10920-2008《螺纹量规和光滑极限量规 型式与尺寸》。

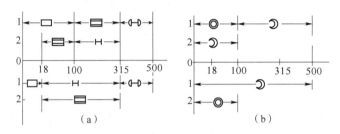

图 4-22 量规形式和应用尺寸范围

▭—全形塞规；◎—环规；▱—不全形塞规；⌒—卡规；H—片形塞规；⊏⊐—球端杆规

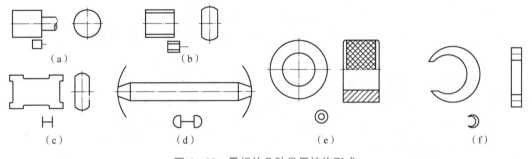

图 4-23 量规的几种常用结构形式

4. 量规的分类

量规按用途可分为工作量规、验收量规和校对量规三种。

（1）工作量规

工作量规是指在工件制造过程中，操作工人对工件进行检验时所使用的量规，通规用代号 T（"通"拼音的第一个字母）表示，止规用代号 Z（"止"拼音的第一个字母）表示。

（2）验收量规

验收量规是指检验人员或用户代表在验收产品时所用的量规。验收量规无须另行设计和制造，它是在磨损较多，但未超过磨损极限的工作量规中挑选出来的，验收量规的止规应接近工件最小实体尺寸。这样规定，生产者自检合格的工件，检验人员验收时也一定合格。

当用量规检验工件判断有争议时，国标规定应该使用下述量规解决：通规应等于或接近工件的最大实体尺寸；止规应等于或接近工件的最小实体尺寸。

（3）校对量规

校对量规是指用来检验工作量规的量规。孔用工作量规的校对，使用通用计量器具测量很方便，不需要校对量规，只有轴用工作量规才设计和使用校对量规。

实际生产中工作量规应用得最多，下面着重阐述与工作量规设计有关的内容。

5. 工作量规的公差带

量规是一种精密检验量具，其制造精度应比被检验工件要求更高。然而在制造过程中，也不可避免地会产生制造误差，故对量规的尺寸也要规定其制造公差，只是要比被检验工件的公差小得多。根据国标规定，量规的公差带不得超出工件的公差带，常采用"内缩方案"。工作量规的公差带图如图 4－24 所示。

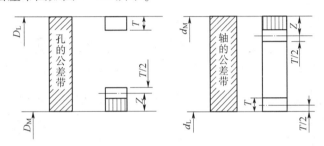

图 4－24 工作量规的公差带图

为什么要"内缩"呢？量规的公差带全部限制在被检验工件公差带内，则合格的工作量规的实际工作尺寸不会超出被检工件的两个极限尺寸，以此为界限检验工件时，则不会把超出两个极限尺寸之外的不合格工件误收为合格品，这样才能保证产品的质量与互换性。

其缺点是会把一些接近极限尺寸边缘的合格工件误判成不合格品，实质上缩小了工件的公差允许范围。由于在大批量生产中，大多数零件尺寸都在极限尺寸的中间部分，因此，尽管看似提高了精度要求，但绝大多数合格零件还是被量规检验为合格品，仅有少数的工件被误判为不合格品，其优势是保证了不会把不合格工件误收为合格品。

另外，工作量规的通规有个特殊性，它在使用过程中要经常通过被测工件，其工作表面会逐渐被磨损，一旦磨损到通规的实际工作尺寸超出了被测工件的公差带，则不能用于检验了，否则会把不合格工件误收为合格品。为使通规具有一定的使用寿命，需要留出适当的磨损储量。因此，通规公差带由制造公差和磨损储量两部分组成，由量规的制造公差 T 和通规公差带位置要素 Z（通规公差带的中心到工件最大实体尺寸即通规磨损极限之间的距离）两个参数确定。至于止规，由于它大多数情况下不应通过工件，磨损极少，因此仅规定其制造公差，如图 4－24 所示。

在设计工作量规时，需要查表 4－11，根据被测工件的基本尺寸和公差等级确定量规的制造公差 T 和通规公差带位置要素 Z。表 4－11 中的数值 T 和 Z 是考虑量规的制造工艺水平和一定使用寿命而确定的，其公差值 T 一般为被测工件的 $1/10 \sim 1/6$。通规的制造公差带对称于 Z 值分布，其磨损极限与工件的最大实体尺寸重合；止规的制造公差带从工件的最小实体尺寸起，向工件公差带内分布。

表 4-11　检验 IT6~IT14 级工件的工作量规制造公差 T 和位置要素 Z 值（摘自 GB/T 1957-2006）　　μm

工件基本尺寸 D/mm	IT6	T	Z	IT7	T	Z	IT8	T	Z	IT9	T	Z	IT10	T	Z	IT11	T	Z	IT12	T	Z	IT13	T	Z	IT14	T	Z
≤3	6	1	1	10	1.2	1.6	14	1.6	2	25	2	3	40	2.4	4	60	3	6	100	4	6	140	6	14	250	9	20
>3~6	8	1.2	1.4	12	1.4	2	18	2	2.6	30	2.4	4	48	3	5	75	4	8	120	5	8	180	7	16	300	11	25
>6~10	9	1.4	1.6	15	1.8	2.4	22	2.4	3.2	36	2.8	5	58	3.6	6	90	5	9	150	6	9	220	8	20	360	13	30
>10~18	11	1.6	2	18	2	2.8	27	2.8	4	43	3.4	6	70	4	8	110	6	11	180	7	11	270	10	24	430	15	35
>18~30	13	2	2.4	21	2.4	3.4	33	3.4	5	52	4	7	84	5	9	130	7	13	210	8	13	330	12	28	520	18	40
>30~50	16	2.4	2.8	25	3	4	39	4	6	62	5	8	100	6	11	160	8	16	250	10	16	390	14	34	620	22	50
>50~80	19	2.8	3.4	30	3.6	4.6	46	4.6	7	74	6	9	120	7	13	190	9	19	300	12	19	460	16	40	740	26	60
>80~120	22	3.2	3.8	35	4.2	5.4	54	5.4	8	87	7	10	140	8	15	220	10	22	350	14	22	540	20	46	870	30	70
>120~180	25	3.8	4.4	40	4.8	6	63	6	9	100	8	12	160	9	18	250	12	25	400	16	25	630	22	52	1 000	35	80
>180~250	29	4.4	5	46	5.4	7	72	7	10	115	9	14	185	10	20	290	14	29	460	18	29	720	26	60	1 150	40	90
>250~315	32	4.8	5.6	52	6	8	81	8	11	130	10	16	210	12	22	320	16	32	520	20	32	810	28	66	1 300	45	100
>315~400	36	5.4	6.2	57	7	9	89	9	12	140	11	18	230	14	25	360	18	36	570	22	36	890	32	74	1 400	50	110
>400~500	40	6	7	63	8	10	97	10	14	155	12	20	250	16	28	400	20	40	630	24	40	970	36	80	1 550	55	120

6. 工作量规设计举例

（1）工作量规的设计步骤

①首先查表 4 - 11 确定工作量规的 T 和 Z 值，计算出量规的极限偏差或工作尺寸。

②再画出工件和量规的公差带图。

③最后选择量规的结构形式和技术要求，画量规工作简图并标注。

【例 3 - 1】 设计检验 $\phi30H8/f7$ Ⓔ的工作量规。

【解】

①计算量规的极限偏差。

a. 由"极限与配合"（GB/T 1800.1-2020）查出孔与轴的上、下偏差。

孔：$\qquad\qquad$ ES = +0.033 mm，EI = 0

轴：$\qquad\qquad$ es = -0.020 mm，ei = -0.041 mm

b. 由表 4 - 11 查出工作量规的制造公差 T 和位置要素 Z，并确定量规的形状公差：

塞规制造公差：$\qquad\qquad$ $T = 0.003\ 4$ mm

塞规位置要素：$\qquad\qquad$ $Z = 0.005$ mm

塞规形状公差：$\qquad$ $T/2 = 0.001\ 7$ mm

卡规制造公差：$\qquad\qquad$ $T = 0.002\ 4$ mm

卡规位置要素：$\qquad\qquad$ $Z = 0.003\ 4$ mm

卡规形状公差：$\qquad$ $T/2 = 0.001\ 2$ mm

c. 计算工作量规的极限偏差。

（a）$\phi30H8$ 孔用塞规。

通规"T"：

$$上偏差 = EI + Z + T/2 = 0 + 0.005 + 0.001\ 7 = +0.006\ 7（mm）$$

$$下偏差 = EI + Z - T/2 = +0.003\ 3\ mm$$

$$磨损极限 = EI = 0$$

止规"Z"：

$$上偏差 = ES = +0.033\ mm$$

$$下偏差 = ES - T = 0.033 - 0.003\ 4 = +0.029\ 6（mm）$$

（b）$\phi30f7$ 轴用卡规。

通规"T"：

$$上偏差 = es - Z + T/2 = -0.020 - 0.003\ 4 + 0.001\ 2 = -0.022\ 2（mm）$$

$$下偏差 = es - Z - T/2 = -0.024\ 6\ mm$$

$$磨损极限 = es = -0.020\ mm$$

止规"Z"：

$$上偏差 = ei + T = -0.041 + 0.002\ 4 = -0.038\ 6（mm）$$

$$下偏差 = ei = -0.041\ mm$$

②画出孔、轴及量规的公差带图，如图 4 - 25 所示。

③选择量规的结构形式和技术要求，画出量规的工作简图并标注（见图 4 - 26）。

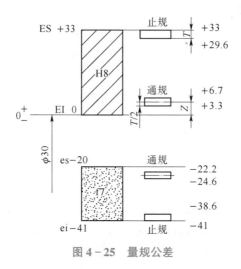

图 4 - 25　量规公差

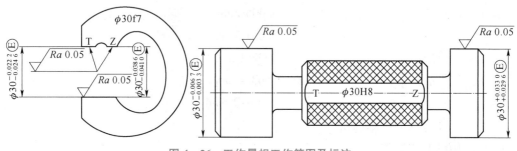

图 4 - 26　工作量规工作简图及标注

　　量规结构形式按照图 4 - 22 所示国家标准的推荐选取。量规的具体结构设计还可参看相关的工具专业标准及资料。

　　（2）工作量规的技术要求

　　量规的技术要求包括量规材料、硬度、形位公差和表面粗糙度等。

　　1）量规材料

　　量规测量面的材料可用合金工具钢、渗碳钢、碳素工具钢及其他耐磨材料，或在测量表面镀以厚度大于磨损量的镀铬层、氮化层等耐磨材料。

　　2）硬度

　　量规测量表面的硬度对量规使用寿命影响很大，其测量面的硬度应为 HRC58~65。

　　3）形位公差

　　量规的形状公差和位置公差应控制在尺寸公差带内，遵守包容要求。其形位公差值不大于尺寸公差的 50%，考虑到制造和测量的困难，当量规的尺寸公差小于或等于 0.002 mm 时，其形位公差应取 0.001 mm。

　　4）表面粗糙度

　　工作量规测量面的粗糙度按表 4 - 12 选取，校对量规测量面的表面粗糙度比工作量规更小。

表 4 – 12　工作量规测量面的表面粗糙度参数 *Ra*

工作量规	工件基本尺寸/mm		
	≤120	>120~315	>315~500
	Ra 最大允许值/μm		
IT6 级孔用量规	0.04	0.08	0.16
IT6~IT9 级轴用量规 IT7~IT9 级孔用量规	0.08	0.16	0.32
IT10~IT12 级孔、轴用量规	0.16	0.32	0.63
IT13~IT14 级孔、轴用量规	0.32	0.63	0.63
注：校对量规测量面的表面粗糙度值比被校对的轴用量规测量面的粗糙度值略小一点。			

4.3　项目实施

分析阀盖零件的公差配合要求并检测相关项目。

4.3.1　阀盖尺寸公差、形位公差、表面粗糙度分析

以图 4 – 1 所示阀盖零件图为例，分析该零件的尺寸公差、形位公差和表面粗糙度要求，见表 4 – 13。

表 4 – 13　阀盖尺寸公差，形位公差，表面粗糙度分析表

尺寸公差/mm	$\phi27^{+0.033}_{0}$	$\phi16^{+0.018}_{0}$	$\phi55^{-0.010}_{-0.029}$	3XM5 分析：三个公称直径为 5 mm 的粗牙内螺纹	Rc1/4 分析：55°密封管螺纹（圆锥内螺纹），尺寸代号为 1/4
公差代号	$\phi27H8$	$\phi16H7$	$\phi55g6$		
形位公差/mm	同轴度 0.025	位置度 0.06	平面度 0.03	垂直度 0.04	其余形位公差为未注形位公差
表面粗糙度/μm	*Ra*1.6	*Ra*6.3		*Ra*25	
尺寸公差与形位相关性要求	位置度采用最大实体要求				

4.3.2　阀盖尺寸、形位误差、表面粗糙度检测

1. 内径百分表测孔

（1）内径百分表的结构

内径百分表是内量杠杆式测量架和百分表的组合，如图 4 – 27 所示，用以测量或检验零件的内孔、深孔直径及其形状精度。

用内径百分表测量零件的实际尺寸

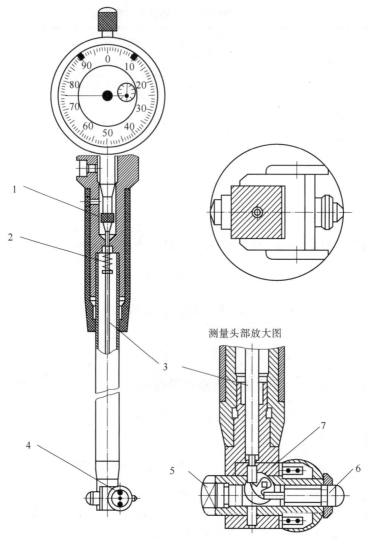

图 4-27 内径百分表

1—夹紧手柄；2—弹簧；3—传动杆；4—定位护桥；5—可换测头；

6—活动测头；7—传动杠杆

内径百分表测量架的内部结构，由图 4-27 可见，在三通管的一端装着活动测头 6，另一端装着可换测头 5，垂直管口一端通过连杆装有百分表。活动测头 6 的移动，使传动杠杆 7 回转，通过传动杆 3 推动百分表的测量杆，使百分表指针产生回转。由于传动杠杆 7 的两侧触点是等距离的，故当活动测头移动 1 mm 时，传动杆也移动 1 mm，推动百分表指针回转一圈。所以，活动测头的移动量可以在百分表上读出来。当两触点量具在测量内径时，不容易找正孔的直径方向，定位护桥 4 就起到了帮助找正直径位置的作用，使内径百分表的两个测头正好在内孔直径的两端。活动测头的测量压力由传动杆 3 上的弹簧 2 控制，保证测量压力一致。内径百分表活动测头的移动量，小尺寸的只有 0~1 mm，大尺寸的可有 0~3 mm，它的测量范围是由更换或调整可换测头的长度来达到的。因此，每个内径百分表都附有成套的可换测头。国产内径百分表的读数值为 0.01 mm，测量范围有 10~18 mm、18~

35 mm、35~50 mm、50~100 mm、100~160 mm、160~250 mm、250~450 mm 等。

用内径百分表测量内径是一种比较量法，其示值误差比较大，如测量范围为 35~50 mm 的，示值误差为 ±0.015 mm。为此，使用时应当经常在专用环规或百分尺上校对尺寸（习惯上称校对零位），必要时可在由块规附件装夹好的块规组上校对零位，并增加测量次数，以便提高测量精度。

内径百分表的分度值为 0.01 mm，表盘上刻有 100 格，即指针每转一圈为 1 mm。

（2）内径百分表的使用方法

内径百分表用来测量圆柱孔，它附有成套的可调测头，使用前必须先进行组合和校对零位，如图 4-28 所示。组合时，将百分表装入连杆内，装入时确保测量者方便读数，保证压表量为 0.3~0.6 mm，即长针由初始状态旋转过 30~60 小格，装好后应予紧固。

测量前应根据被测孔径大小用外径百分尺调整好尺寸后才能使用，如图 4-29 所示。在调整尺寸时，正确选用可换测头的长度及其伸出距离，应使被测尺寸在活动测头总移动量的中间位置。

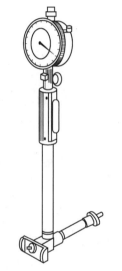
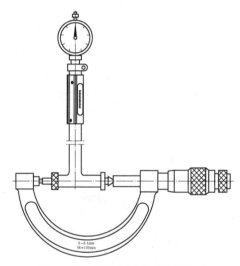

图 4-28 内径百分表外形 　　图 4-29 用外径百分尺调整尺寸

测量时，连杆中心线应与工件中心线平行，不得歪斜，同时应在圆周上多测几个点，找出孔径的实际尺寸，看是否在公差范围以内，如图 4-30 所示。

2. 表面粗糙度测量

常用的表面粗糙度测量方法有比较法、光切法、干涉法、针描法和印模法等多种。

比较法测量
粗糙度

（1）比较法

比较法是将被测表面对照粗糙度样板，用肉眼判断或借助于放大镜直接进行比较，也可用手摸、指甲划动的感觉来判断被加工表面的表面粗糙度，是一种近似评定。使用时，为了减少检测误差，样板的形状、材料、加工方法、加工纹理方向等应尽可能与被测表面一致，以提高测量的准确性。

该方法经济、简便，但测量误差较大，其评定的可靠性在很大程度上取决于检验人员的经验，因此只用于表面粗糙度要求不高的表面，适合在车间使用。

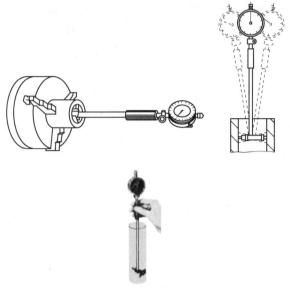

图 4 – 30 内径百分表的使用方法

（2）光切法

光切法是利用光切原理来测量表面粗糙度的一种测量方法。常用的测量仪器是光切显微镜（又称双管显微镜），如图 4 – 31 所示。光切法的测量范围为 0.6~60 μm，适用于 Rz 参数的测量。

光切显微镜是从目镜观察表面粗糙度轮廓图像，用测微装置测量 Rz 值，也可通过测量描绘出轮廓图像，再计算 Ra 值。因其方法较繁而不常用，必要时可通过将粗糙度轮廓图像拍照来评定。光切显微镜适用于计量室。

（3）干涉法

干涉法是利用光波干涉原理来测量表面粗糙度的一种测量方法，常用的测量仪器是干涉显微镜，如图 4 – 32 所示。干涉法的测量范围为 0.03~1μm，主要用于 Rz 参数的测量，一般用于表面粗糙度要求高的表面。

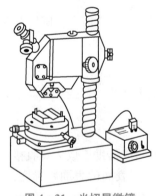

图 4 – 31 光切显微镜

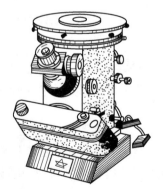

图 4 – 32 干涉显微镜

干涉显微镜是利用光波干涉原理，以光波波长为基准来测量表面粗糙度的。被测表面有一定的粗糙度就呈现出凸凹不平的峰谷状干涉条纹，通过目镜观察并利用测微装置测量这些干涉条纹的数目和峰谷的弯曲程度，即可计算出表面粗糙度的 Ra 值。必要时还可将干涉条纹的峰谷拍照来评定。干涉法适用于精密加工的表面粗糙度测量，适合在计量室使用。

传动轴表面粗糙度测量

（4）针描法

针描法是利用触针直接在被测表面上轻轻划过，从而测出表面粗糙度的 Ra 值，是一种接触式测量方法。其常用的测量仪器是电动轮廓仪，如图 4 − 33 所示。该仪器可直接显示 Ra 值，测量范围为 $0.02 \sim 8$ μm。性能完善的电动轮廓仪可以测量 Ra、Rz、Rsm、$Rmr(c)$ 各参数。

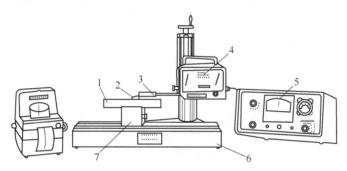

图 4 − 33 电动轮廓仪

1—被测工件；2—触针；3—传感器（感受器）；4—驱动箱；

5—指示表；6—底座；7—V 形架

电动轮廓仪是触针式仪器，是高精度的表面粗糙度测量仪器，也是目前使用最广泛、最基本的表面粗糙度的测量仪器。测量时，传感器相对工件移动，金刚石触针沿被测表面纹理的垂直方向等速缓慢移动，被测表面微观不平的变化引起触针的微观位移，从而使传感器线圈的电感量发生变化。传感器停止移动后，借助于晶体电路，操作者可从指示表上直接读出 Ra 值；或用记录器将被测表面的轮廓形状经放大后记录下来，供分析计算之用。图 4 − 34 所示为仪器工作原理示意图，此类仪器适用于计量室，但便携式电动轮廓仪可在生产现场使用。

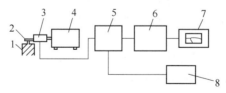

图 4 − 34 电感式轮廓仪工作原理

1—被测工件；2—触针；3—传感器；4—驱动箱；5—测微放大器；

6—信号分离及运算；7—指示表；8—记录器

（5）印模法

印模法是利用一些印模材料，将被测表面复制成模，然后测量印模，从而测量表面粗糙度的一种测量方法。其适合不便于用样板对比和仪器直接测量的表面，如深孔、凹槽、内螺纹等。

另外，测量表面粗糙度要注意以下事项：

①测量方向：当图样上未规定测量方向时，应在垂直于加工痕迹的方向上测量。

②测量部位：为了完整地反映被测表面的实际状况，应选定若干个部位进行测量。

③表面缺陷：零件的表面缺陷如气孔、裂纹、砂眼、划痕等，不属于表面粗糙度的评定范围。

3. 阀盖检测

以图 4-1 所示齿轮零件图为例，结合被测工件的外形、被测量位置、尺寸形状和公差等级、生产类型、具体检测条件等因素，确定测量方案，测量该零件。

（1）尺寸检测

①$\phi27H8$、$\phi16^{+0.018}_{0}$ 内孔尺寸的检测：可用内径百分表测量，测量结果与其值比较，做出合格性的判断，见表 4-14。大批量生产也可用专用塞规检测该内孔的合格性。

表 4-14 用内径百分表测量孔径

测量设备	内径百分表
测量目的	（1）熟悉内径百分表测量孔径的方法； （2）加深对内尺寸测量特点的了解
测量步骤	（1）检查百分表的灵敏稳定性。 右手握住百分表，左手食指轻轻触碰百分表的测头，百分表的大小指针摆动灵活并能恢复到起始位置，说明百分表的灵敏稳定性合格。 （2）安装百分表。 将百分表安装至测杆中，安装过程中注意以下两点： ①压表量：一般小指针指向 1 mm 左右。 ②百分表的表盘面与活动测头在同一平面内，主要是为了读数方便，然后用手轻轻触碰测头，大小指针都能灵活摆动，表示百分表装好。 （3）选择并安装可换测头。 根据被测零件的公称尺寸，选择可换测头，并将可换测头装入孔内，一般要求可换测头和活动测头之间的距离比被测尺寸大 0.5 mm 左右，并用游标卡尺进行测量。 （4）百分表调零。 ①千分尺先调零，之后将千分尺调至被测零件的公称尺寸，锁紧螺母。 ②将百分表测杆斜向插入千分尺的两测砧之间，先插入活动测头，再插入可换测头，测杆左右轻轻摆动，眼睛观看表盘，找出大指针顺时针摆动的极限位置，即拐点位置，将 0 位调整至和大指针重合的位置，再轻轻摆动几次，直到零位稳定，此时百分表调零结束。 （5）测量并读数。 将测杆斜向插入被测零件的内孔，轻轻转动百分表表杆，找出最大直径，记录百分表上的读数。测量孔的直径时，应在内孔不同截面Ⅰ、Ⅱ、Ⅲ，不同测量方向 A、B 进行测量并记下读数，见图 4-35。 （6）分析测量数据，剔除粗大误差的测量值，将测量结果与被测件的公差要求及验收极限比较，判断其合格性 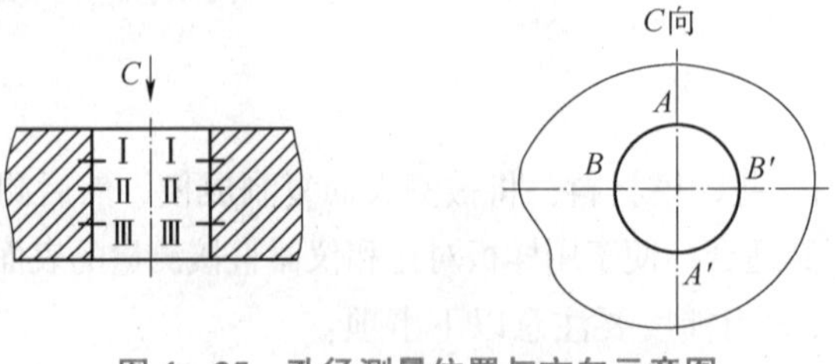

图 4-35 孔径测量位置与方向示意图

②$\phi 55^{-0.010}_{-0.029}$ 的尺寸检测：可用量程范围为 50~75 mm 的数显外径千分尺测量，测量结果与其值比较，做出合格性判断。

③3×M5 螺纹孔的检测：可用普通螺纹塞规检测并判断合格性，见表 4-15。

表 4-15 普通螺纹塞规检测内螺纹

测量设备	M5-6H 螺纹塞规
测量目的	（1）掌握普通螺纹塞规的使用方法； （2）判断 3×M5 螺纹是否合格
测量步骤	（1）将 M5-6H 螺纹塞规通端完全旋入被测螺纹； （2）将螺纹塞规止端与被测螺纹旋合，止端不能旋入或旋入极限为两圈； （3）通端能完全与被测螺纹旋合，止端不能旋入或旋入极限为两圈，则被测量螺纹孔合格

④Rc1/4 圆锥内螺纹的检测：可用锥度管螺纹塞规检测并判断合格性，见表 4-16。

表 4-16 锥度管螺纹塞规检测内螺纹

测量设备	Rc1/4 螺纹塞规
测量目的	（1）掌握锥度管螺纹塞规的使用方法； （2）判断 Rc1/4 螺纹是否合格
测量步骤	（1）将 Rc1/4 螺纹塞规旋入被测螺纹，直塞规旋到旋不动为止； （2）用塞规检验工件内螺纹时，工件内螺纹的基面应处于塞规的两测量面之间或与任一测量面齐平就是合格，否则不合格

（2）形位误差检测

1）同轴度检测

可用偏摆检查仪和千分表测量同轴度误差，测量结果与同轴度公差 $\phi 0.025$ mm 比较，做出合格性的判断。

2）位置度检测

可用测量坐标值法测量位置度误差，测量结果与位置度公差 0.06 mm 比较，做出合格性的判断。大批量生产也可用位置度综合量规检测零件的合格性。

3）平面度检测

可用百分表在检测平台上测量平面度误差，测量结果与平面度公差 0.03 mm 比较，做出合格性的判断。

4）垂直度检测

可用百分表和直角尺在检测平台上测量垂直度误差，测量结果与垂直度公差 0.04 mm

比较，做出合格性的判断。

（3）表面粗糙度检测

①$Ra1.6$：可用便携式表面粗糙度测量仪检测，做出合格性的判断，见表4-17。

互换性与测量
技术概述

表4-17 便携式表面粗糙度测量仪测量

测量设备	便携式表面粗糙度测量仪
测量目的	了解用便携式表面粗糙度测量仪测量 Ra 值的方法
测量步骤	（1）测量准备。开机检查电池电压是否正常，擦干净工件被测表面，将仪器正确、平稳、可靠地放置于工件被测表面上，传感器的滑行轨迹必须垂直于工件被测表面的加工纹理方向。 （2）开机。按下开关键约2 s后仪器自动开机，开机后将显示仪器型号、名称及制造商信息，然后进入基本测量状态的主显示界面。 （3）触针位置。首先使用触针位置来确定传感器的位置，尽量使触针在被测表面中间位置进行测量。 （4）启动测量。在主界面状态下，按启动测量键"START"开始测量。 （5）测量结果显示。测量完毕后，可以通过按键方式观察全部测量结果，一般测量五个不同位置的表面粗糙度值。 （6）测量结束，测量结果与 $Ra1.6$ μm 比较，做出合格性判断

②$Ra6.3$：可用标准样板通过比较做出合格性的判断，见表4-18。

表4-18 表面粗糙度样板测量

测量设备	表面粗糙度样板
测量目的	（1）了解用表面粗糙度样板测量表面粗糙度的原理和方法； （2）用表面粗糙度样板测量零件表面的 $Ra6.3$ μm 值
测量步骤	（1）选择表面粗糙度样板。根据被测表面的形状、材料、加工方法、加工纹理等选择合适的标准样板。 （2）对比测量表面粗糙度数值。将被测表面与相应的标准样板对照比较，选择最接近的标准样板表面粗糙度数值作为被测表面的表面粗糙度。 （3）测量结束，测量结果与 $Ra6.3$ μm 比较，做出合格性判断

4.4 项目拓展

分析图4-36所示端盖零件的尺寸公差、形位公差和表面粗糙度要求，确定测量方案，并测量该零件。

项目拓展案例
解析

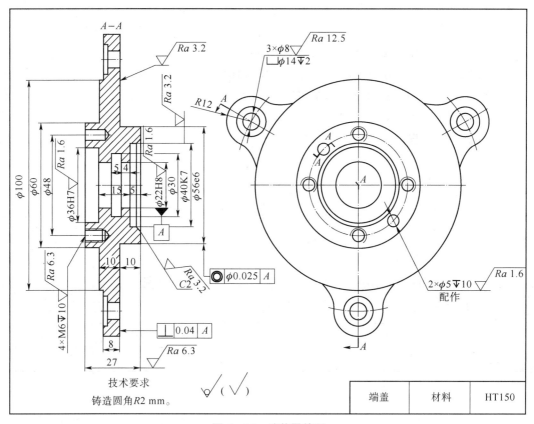

图 4-36　端盖零件图

每课寄语

　　同学们：提高加工质量是制造业永恒的目标，这就要求我们每一个从业人员在工作过程中精益求精，要有耐心、有恒心、有信心，要脚踏实地从身边的小事做起，抛弃幻想与浮躁。同学们要明白，你所享受的一切都是有人用双手一点一点干出来的。

思考题

4-1　表面粗糙度的特性属于（　　）。

A. 波纹度轮廓

B. 微观几何形状误差

C. 宏观几何形状误差

D. 表面缺陷

4-2　选择表面粗糙度评定参数值时，下列论述不正确的是（　　）。

A. 同一零件上的工作表面应比非工作表面参数值小

B. 摩擦面应比非摩擦面参数值小

C. 受交变载荷的表面，表面粗糙度参数值应小

D. 配合质量要求高，表面粗糙度参数值应大

4-3 评定表面粗糙度的取样长度至少包括 ( ) 个峰和谷。

A. 6   B. 7   C. 5   D. 4

4-4 车间生产中评定表面粗糙度最常用的方法是 ( )。

A. 针描法   B. 干涉法   C. 光切法   D. 比较法

4-5 简述表面粗糙度对零件的使用性能的影响。

4-6 规定取样长度和评定长度的目的是什么?

4-7 表面粗糙度的主要评定参数有哪些? 优先采用哪个评定参数?

4-8 解释如图 4-37 所示表面粗糙度的各项含义。

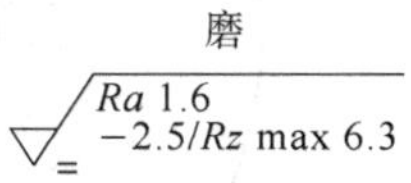

$$\overset{\text{磨}}{\sqrt{}}\ \overline{\begin{matrix}Ra\ 1.6\\ -2.5/Rz\ \max 6.3\end{matrix}}$$

图 4-37 题 4-7 图

4-9 按表 4-19 中给出的 Ra 值,在图 4-38 中标注表面粗糙度。

表 4-19 题 4-19 表

表面	A	B	C	D	其余
Ra/μm	6.3	12.5	3.2	6.3	25

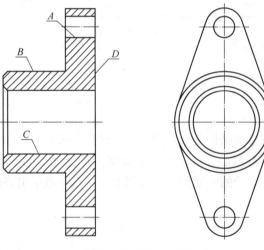

图 4-38 题 4-9 图

4-10 量规是一种无刻度的专用检验量具,检验孔用的光滑极限量规称为_____,检验轴用的光滑极限量规称为_____。量规是成对使用的,用量规检验工件时,通规用于控制工件的_____尺寸,止规用于控制工件的_____尺寸,其中_____通过、_____不通过,才表明被测工件是合格的。

4-11 量规按其用途不同分为_____、_____和_____三种,工作量规的通规代号为_____,止规代号为_____。

4-12 泰勒原则是指合格孔的作用尺寸应_____孔的最小极限尺寸,并在任何位置上合格孔的实际尺寸应_____孔的最大极限尺寸；合格轴的作用尺寸应小于或等于轴的最_____极限尺寸，并在任何位置上合格轴的实际尺寸应大于或等于轴的最_____极限尺寸。

　　4-13　由于被测工件存在形状误差，若检验工件的量规形状不正确，则可能产生误判。根据泰勒原则的要求，通规应是_____形量规，止规应是_____形量规。在实际应用中，由于量规制造使用方面的一些困难，故允许有所偏离泰勒原则的形状要求。

　　4-14　为了保证不会把不合格工件误收为合格品，量规的公差带不得_____工件的公差带；由于量规的通规在使用过程中要经常通过被测工件，其工作表面会逐渐磨损，为使通规具有一定的使用寿命，还需要留出适当的_____。

　　4-15　检验工件 $\phi30E9({}^{+0.092}_{+0.040})$ 孔的工作量规，其通规"T"应按_____尺寸设计，止规"Z"应按_____尺寸设计。

　　4-16　计算检验 $\phi25H7/f6$ 用工作量规的工作尺寸，并画出量规公差带图。

项目五

渐开线圆柱齿轮零件公差配合分析与检测

学习目标

1. 掌握渐开线圆柱齿轮的公差及其测量；
2. 掌握平键连接、矩形花键连接的公差和测量；
3. 具有对典型齿轮类零件进行公差配合分析和检测方案设计与实施测量的能力。

主要知识点

1. 齿轮精度的评定指标及其测量；
2. 渐开线圆柱齿轮精度标准及其选用；
3. 平键连接的公差和测量；
4. 矩形花键连接的公差和测量。

5.1 项目任务卡

本项目从齿轮传动的使用要求出发，分析齿轮加工误差产生的原因及对齿轮使用要求的不同影响，介绍新国标渐开线圆柱齿轮的评定指标及齿轮精度标准，为齿轮的精度设计和加工打下基础。图 5-1 所示为某机床主轴箱传动齿轮零件图。

5.2 知识链接

5.2.1 圆柱齿轮传动的使用要求

齿轮传动是机器及仪器中最常用的传动形式之一，它广泛地用于传递运动和动力。齿轮传动的质量将影响到机器或仪器的工作性能、承载能力、使用寿命和工作精度。因此，现代工业中各种机器和仪器对齿轮传动互换性的使用提出了多方面的要求，归纳起来主要有四个方面：

1. 传递运动的准确性

传递运动的准确性就是要求从动齿轮在一转范围内的最大转角误差不超过规定的数值，

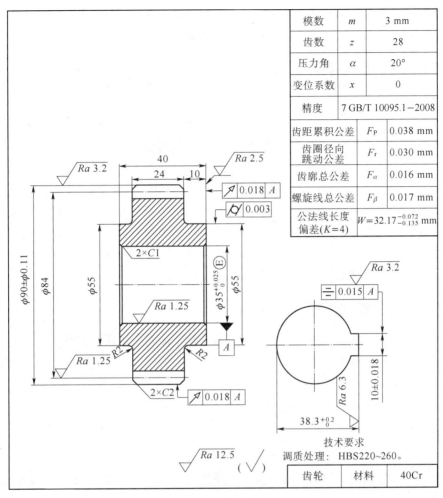

模数	m	3 mm
齿数	z	28
压力角	α	20°
变位系数	x	0
精度		7 GB/T 10095.1—2008
齿距累积公差	F_P	0.038 mm
齿圈径向跳动公差	F_r	0.030 mm
齿廓总公差	F_α	0.016 mm
螺旋线总公差	F_β	0.017 mm
公法线长度偏差(K=4)		$W=32.17^{-0.072}_{-0.135}$ mm

技术要求
调质处理：HBS220~260。

齿轮	材料	40Cr

图 5-1　齿轮零件图

以使齿轮在一转范围内传动比的变化尽量小，满足传递运动的准确性要求。由于齿轮副存在制造误差和安装误差，故使从动齿轮的实际转角与理论转角产生偏离，导致实际传动比与理论传动比产生差异。

2. 传动的平稳性

齿轮任一瞬时传动比的变化，将会使从动轮转速不断变化，从而产生瞬时加速度和惯性冲击力，引起齿轮传动中的冲击、振动和噪声。传动的平稳性就是要求齿轮在一转范围内，多次重复的瞬时传动比要小，一齿转角内的最大转角误差要限制在一定范围内。

3. 载荷分布的均匀性

要求齿轮在啮合时，工作齿面接触良好，载荷分布均匀，避免载荷集中于局部齿面，造成局部齿面磨损或折断，以保证齿轮传动有较大的承载能力和较长的使用寿命。

4. 传动侧隙的合理性

在齿轮传动中，为了储存润滑油，补偿齿轮受力变形和热变形以及齿轮制造和安装误差，齿轮相啮合轮齿的非工作面应留有一定的齿侧间隙，否则齿轮传动过程中可能会出现卡

死或烧伤的现象。但该侧隙也不能过大，尤其是对于经常需要正反转的传动齿轮，侧隙过大会产生空程，引起换向冲击。因此应合理确定侧隙的数值。

5.2.2 不同工况的齿轮对传动的要求

为了保证齿轮传动具有较好的工作性能，对圆柱齿轮传动的使用特点要有一定的要求。但用途和工作条件不同的齿轮，对圆柱齿轮传动的使用特点应有不同的侧重。

如精密机床、分度齿轮和测量仪器的读数齿轮主要要求传递运动的准确性，对传动平稳性也有一定的要求，当需要可逆转传动时，应对侧隙加以限制，以减小反转时的空程误差，而对载荷分布均匀性要求不高。汽车、拖拉机和机床的变速齿轮主要要求传递运动的平稳性，以减小振动和噪声。轧钢机械、起重机械和矿山机械等重型机械中的低速重载齿轮主要要求载荷分布的均匀性，以保证足够的承载能力。汽轮机和涡轮机中的高速重载齿轮，对运动的准确性、平稳性和承载的均匀性均有较高的要求，同时还应具有较大的间隙，以储存润滑油和补偿受力产生的变形。

5.2.3 齿轮加工误差的主要来源及其特性

产生齿轮加工误差的原因很多，其主要来源于加工齿轮的机床、刀具、夹具和齿坯本身的误差及其安装、调整误差。

按误差相对于齿轮的方向特征，齿轮的加工误差可分为切向误差、径向误差和轴向误差；按误差在齿轮一转中出现的次数分为长周期误差和短周期误差。

1. 几何偏心

当齿坯孔基准轴线与机床工作台回转轴线不重合时会产生几何偏心。如滚齿加工时由于齿坯定位孔与机床心轴之间的间隙等，会造成滚齿时的回转中心线 $O'-O'$ 与齿轮内孔轴心线 $O-O$ 不重合，如图 5-2 所示。

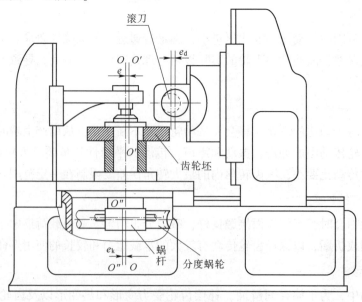

图 5-2　滚齿加工

由于该偏心的存在，故加工后的齿轮齿顶圆到心轴中心的距离不相等，造成齿轮径向误差，引起侧隙和转角的变化，从而影响传动的准确性。

2. 运动偏心

滚齿加工时机床分度蜗轮与工作台中心线有安装偏心 e_k，就会使工作台回转不均匀，致使被加工齿轮的轮齿在圆周上分布不均匀，也就是轮齿沿圆周分布发生了错位，引起齿轮的切向误差。

几何偏心和运动偏心产生的误差在齿轮一转中只出现一次，属于长周期误差，其主要影响齿轮传递运动的准确性。

3. 滚刀的制造误差与安装误差

当滚刀的齿距、齿形等有制造误差时，会使滚刀一转中各个刀齿周期性地产生过切或少切现象，造成被切齿轮的齿廓形状发生变化，引起瞬时传动比的变化。由于滚刀的转速比齿坯的转速高得多，滚刀误差在齿轮一转中重复出现，因此是短周期误差，主要影响齿轮传动的平稳性和载荷分布的均匀性。

4. 机床传动链误差

齿轮加工机床传动链中各个传动元件的制造、安装误差及其磨损等，都会影响齿轮的加工精度。当滚齿机床的分度蜗杆存在安装误差和轴向窜动时，蜗轮转速发生周期性的变化，使被加工齿轮出现齿距偏差和齿廓偏差，产生切向误差。机床分度蜗杆造成的误差在齿轮一转中重复出现，是短周期误差。

5.2.4   齿轮精度的评定指标及其测量

1. 影响传递运动准确性的误差及测量

（1）切向综合总偏差 F_i'

切向综合总偏差 F_i' 是指被测齿轮与理想精确的测量齿轮单面啮合时，在被测齿轮一转内，实际转角与公称转角之差的总幅度值（见图 5-3），它以分度圆弧长计值。该误差是几何偏心、运动偏心加工误差的综合反映，因而是评定齿轮传递运动准确性的最佳综合评定指标。

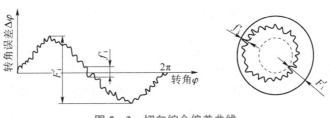

图 5-3   切向综合偏差曲线

F_i' 的测量用单面啮合综合测量仪（简称单啮仪）进行，单啮仪测量齿轮切向综合总偏差和一齿切向综合偏差见表 5-1。

表 5-1　单啮仪测量齿轮切向综合总偏差和一齿切向综合偏差

测量设备	齿轮单面啮合综合测量仪
测量内容	应用齿轮单面啮合综合测量仪测量齿轮的切向综合总偏差 F_i' 和一齿切向综合偏差 f_i'
测量原理	如图 5-4 所示，单啮仪具有比较装置，测量基准为被测齿轮的基准轴线。被测齿轮 1 与测量齿轮 2 在公称中心距上单面啮合，它们分别与直径精确等于齿轮分度圆直径的两个摩擦圆盘同轴安装。测量齿轮 2 与圆盘 3 固定在同一根轴上，并同步转动。被测齿轮 1 和圆盘 4 可以在同一根轴上做相对转动。当测量齿轮 2 与圆盘 3 匀速回转，分别带动被测齿轮 1 和圆盘 4 回转时，有误差的被测齿轮 1 相对于圆盘 4 的角位移就是被测齿轮实际转角对理论转角的偏差。将转角偏差以分度圆弧长计值，就是被测齿轮分度圆上实际圆周位移对理论圆周位移的偏差，将被测齿轮一转范围内的位移偏差用记录器记录下来，就得到如图 5-5 所示的记录图，从图上量出 F_i' 和 f_i' 值。 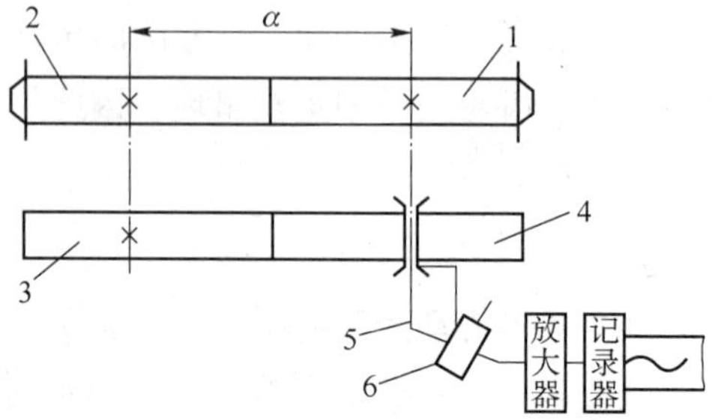 图 5-4　单啮仪测量原理图 1—被测齿轮；2—测量齿轮；3，4—圆盘；5—转轴；6—传感器 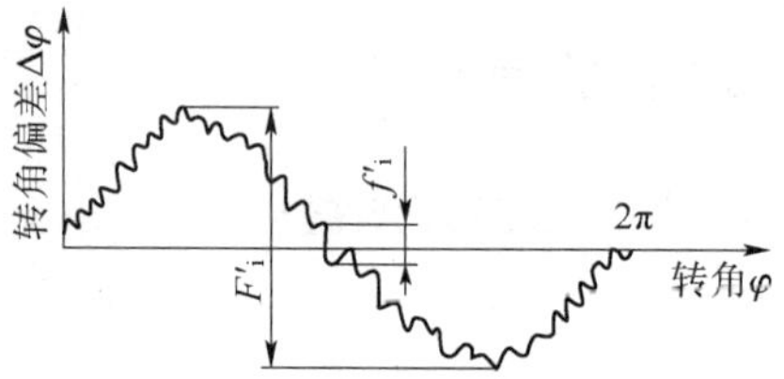 图 5-5　切向综合偏差记录图
说明	（1）测量齿轮的精度应该比被测齿轮的精度至少高 4 级，这样测量齿轮的误差可以忽略不计。 （2）单面啮合测量的优点是被测齿轮与测量齿轮单面啮合，测量运动接近于使用过程，测量结果能连续反映出齿轮所有啮合点上的误差，包括切向误差和径向误差，能更充分而全面地反映使用质量，且测量效率高，因此常用于成批生产的完工检验。 （3）由于单啮仪的制造精度要求很高，价格昂贵，目前生产中尚未广泛使用，因此常用其他指标来评定传递运动的准确性。 （4）虽然 F_i' 和 f_i' 是评价齿轮运动准确性和平稳性的最佳综合指标，但标准规定，它们不是必检项目

（2）齿距累积偏差 F_P

齿距累积偏差 F_P 是齿轮同侧齿面任意弧段（$K=1\sim z$）内的最大齿距累积偏差，它表现为齿距累积偏差曲线的总幅值（见图 5-6）。齿距累积偏差 F_P 反映了一转内任意个齿距的最大变化，它直接反映齿轮的转角误差，是几何偏心和运动偏心的综合结果，因而可以较为全面地反映齿轮的传递运动准确性，是一项综合性的评定指标。但因为 F_P 只在分度圆上逐齿测得有限个点的误差情况，故不如切向综合误差 F_i' 反映的全面。

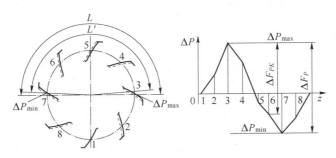

图 5-6　齿距偏差与齿距累积偏差

F_P 可用齿距仪或万能测齿仪进行测量，表 5-2 所示为用齿距仪测量齿距累积偏差 F_P。

表 5-2　齿距仪测量齿距累积偏差、K 个齿距累积偏差及单个齿距偏差

测量设备	齿轮齿距测量仪
测量内容	应用齿轮齿距测量仪测量齿距累积总偏差 F_P、K 个齿距累积偏差 F_{PK} 和单个齿距偏差 f_{Pt}
测量原理	图 5-7 中可调式固定量爪 1 按模数确定，活动量爪 2 通过杠杆系统在指示表上反映其变化数值。为了保证在同一个圆周进行测量，通常用一对定位支脚 3 和 4 在齿顶圆上定位。测量时以被测齿轮本身任一实际齿距为基准，调整定位量爪，使固定量爪和活动量爪大致在分度圆上两个相邻同名齿廓相接触，并将指示表对准零位，随后逐齿测量，将测量结果数据进行处理，即可以得到齿距累积总偏差 F_P、K 个齿距累积偏差 F_{PK} 和单个齿距误差 f_{Pt} 图 5-7　齿距偏差与齿距累积偏差示意图 1—固定量爪；2—活动量爪；3，4—定位支脚
说明	F_P 的测量可用较普及的齿距仪，因此目前是工厂中常用的一种齿轮运动精度的评定指标

（3）K 个齿距累积偏差 F_{PK}

K 个齿距累积偏差 F_{PK} 是指在分度圆上，K 个齿距间的实际弧长与公称弧长之差的最大绝对值（图 5-6）。理论上它等于这 K 个齿距的各单个齿距偏差的代数和。如果在较小的齿距数上的齿距累积偏差过大，则在实际工作中将产生很大的加速度，形成很大的动载荷，影响平稳性，尤其是在高速齿轮传动中更应重视。K 一般为 2 到 $z/8$（z 为齿轮齿数）。

K 个齿距累积偏差 F_{PK} 的测量见表 5-2。

（4）齿圈径向跳动 F_r

齿轮一转范围内，测头在齿槽内与齿高中部双面接触。测头相对于齿轮轴线的最大变动量称为齿轮径向跳动，主要反映由几何偏心引起的齿轮径向长周期误差。其可用齿轮径向跳动检查仪测量，测头可以用球形、锥形或 V 形。

齿轮径向跳动偏差 F_r 的测量见表 5 - 3。

表 5 - 3 齿轮径向跳动检查仪测量齿轮径向跳动偏差

测量设备	齿轮径向跳动检查仪
测量内容	用齿轮径向跳动检查仪测量所给齿轮的径向跳动偏差 F_r
测量原理	图 5 - 8 所示为齿轮径向跳动测量原理示意图，测量时把盘形齿轮用心轴安装在顶尖架的两个顶尖之间，或者把齿轮直接安装在两个顶尖之间，如图 5 - 9 所示。指示表的位置固定后，使安装在指示表测杆上的球形测头或锥形测头在齿槽内与齿高中部双面接触。测头的尺寸大小应该与被测齿轮的模数协调，以保证测头在接近齿高中部与齿槽双面接触。用测头依次逐齿槽地测量它相对于齿轮基准轴线的径向位移，该径向位移由指示表的示值反映出来，其最大读数和最小读数之差即为齿轮径向跳动 F_r 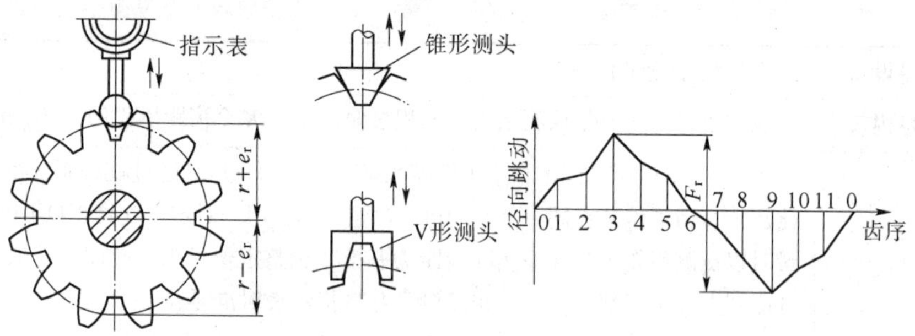 图 5 - 8 齿轮径向跳动的测量 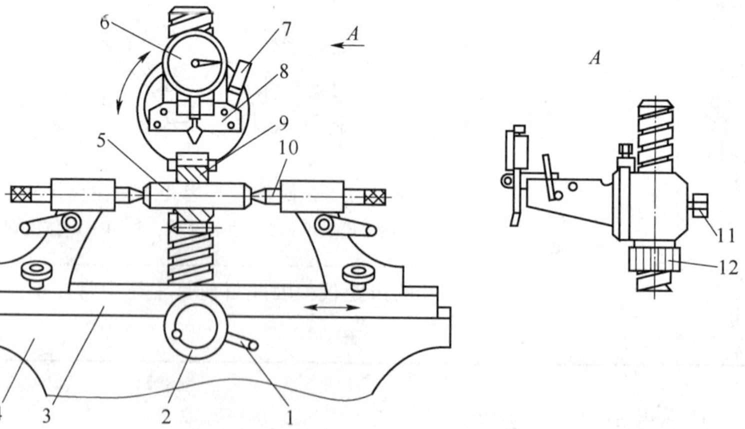 图 5 - 9 齿轮径向跳动检查仪 1—手柄；2—手轮；3—滑台；4—底座；5—心轴；6—指示表；7—指示表提升手柄； 8—支臂；9—被测齿轮；10—顶尖；11—锁紧螺钉；12—升降螺母
说明	F_r 主要由几何偏心引起，不能反映运动偏心，它以齿轮一转为周期，属长周期径向误差，必须与能揭示切向误差的单向指标组合，才能全面评定传递运动的准确性

（5）径向综合偏差 F_i''

与理想精确的测量齿轮双面啮合时，在被测齿轮一转内，双啮中心距的最大变动量称为径向综合偏差 F_i''。

当被测齿轮的齿廓存在径向误差及一些短周期误差（如齿形误差、基节偏差等）时，若它与测量齿轮保持双面啮合转动，其中心距就会在转动过程中不断改变，因此，径向综合误差主要反映由几何偏心引起的径向误差及一些短周期误差。

径向综合误差测量时的啮合情况与切齿时的啮合情况相似，能够反映齿轮坯和刀具安装调整误差，测量所用仪器远比单啮仪简单，操作方便，测量效率高，故在大批量生产中应用很普遍。但它只能反映径向误差，且测量状况与齿轮实际工作状况不完全相符。

齿轮径向综合偏差 F_i'' 和一齿径向综合偏差 f_i'' 的测量见表 5-4。

表 5-4　双啮仪检查齿轮径向综合偏差和一齿径向综合偏差

测量设备	齿轮双面啮合综合检查仪
测量内容	应用齿轮双面啮合综合检查仪测量齿轮的径向综合偏差 F_i'' 和一齿径向综合偏差 f_i''
测量原理	图 5-10 所示为双啮仪测量原理示意图，被测齿轮 2 安装在测量时位置固定的滑座 1 的心轴上，测量齿轮 3 安装在测量时可以径向移动的滑座 4 的心轴上，利用弹簧 6 的作用，使两个齿轮做无侧隙的双面啮合。测量时，转动被测齿轮 2，带动测量齿轮 3 转动，由于被测齿轮 2 的几何偏心和单个齿距偏差、齿廓偏差、螺旋线偏差等误差，使测量齿轮 3 连同心轴和滑座 4 相对于被测齿轮 2 的基准轴线做径向位移，即双啮中心距 a'' 产生变动。双啮中心距的变动量由指示表 7 读出，在被测齿轮一转范围内指示表的最大与最小示值之差即为 F_i'' 的数值。在每个齿距角范围内指示表的最大与最小示值之差即为 f_i'' 的数值，取其中的最大值作为评定值。双啮中心距的变动还可以由记录器 5 记录下来而得到径向综合偏差曲线，如图 5-11 所示 图 5-10　双啮仪测量原理 1，4—滑座；2—被测齿轮；3—测量齿轮；5—记录器；6—弹簧；7—指示表 图 5-11　径向综合偏差曲线

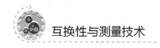

说明	由于径向综合偏差测量时是双面啮合，与齿轮工作时的状态（单面啮合）不同，反映的仅是在径向方向起作用的误差，所以对齿轮误差的反映不如切向综合偏差全面，但因双面啮合仪远比单啮仪简单、操作方便、测量效率高，故在大批量生产中，常作为辅助检测项目

2. 影响传动平稳性的偏差及测量

（1）一齿切向综合偏差 f_i'

一齿切向综合偏差 f_i' 是指被测齿轮与理想精确的测量齿轮单面啮合时，在被测齿轮一齿距角内，实际转角与公称转角之差的最大幅度值，如图 5-3 所示。

f_i' 主要反映由刀具和分度蜗杆的安装及制造误差所造成的齿轮上齿形、齿距等各项短周期综合误差，是综合性指标。其测量仪器与测量 F_i' 相同，如图 5-5 所示，切向综合偏差曲线上的高频波纹即为 f_i'。

一齿切向综合偏差 f_i' 的测量见表 5-1。

（2）一齿径向综合偏差 f_i''

一齿径向综合偏差 f_i'' 是指被测齿轮与理想精确的测量齿轮双面啮合时，在被测齿轮一齿距角内的最大变动量，如图 5-11 所示。f_i'' 综合反映了由于刀具安装偏心及制造所产生的基节和齿形误差，属综合性指标。通常可在测量径向综合偏差 f_i'' 时得出，即从记录曲线上量得高频波纹的最大幅度值。由于这种测量受左右齿面的共同影响，因而不如一齿切向综合偏差反映那么全面。不宜采用这种方法来验收高精度的齿轮，但因在双啮仪上测量简单、操作方便，故该项目适用于大批量生产的场合。

一齿径向综合偏差 f_i'' 的测量见表 5-4。

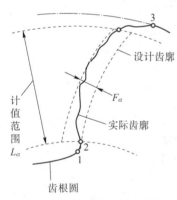

图 5-12 齿廓及齿廓总偏差

（3）齿廓偏差

齿廓偏差是指实际齿廓偏离设计齿廓的量，该量在端面内且垂直于渐开线齿廓的方向计值，分为齿廓总偏差 F_α、齿廓形状偏差 $f_{f\alpha}$、齿廓倾斜偏差 $f_{H\alpha}$。

①齿廓总偏差 F_α。

齿廓总偏差 F_α 是指在计值范围 L_α 内，包容实际齿廓线的两条设计齿廓线间的距离，如图 5-12 所示。

图 5-13 所示为齿廓图，它是由齿轮齿廓检查仪在纸上画出的齿廓偏差曲线，图中 L_{AF} 为有效长度，F_α 为 L_{AE} 的 92%，图中的 F、E、A 分别与图 5-12 中的 1、2、3 点对应。图 5-13（a）所示为齿廓总偏差。

设计齿廓可以是未修形的渐开线（见图 5-13），也可以是修形的。齿廓总偏差 F_α 是由刀具的制造和安装误差及机床传动链误差等引起的。

F_α 主要影响齿轮传动的平稳性，有 F_α 的齿轮，其齿廓不是标准渐开线，不能保证瞬时传动比恒定，易产生振动与噪声。

齿廓总偏差 F_α 的测量见表 5-5，有时为了进一步分析齿廓总偏差 F_α 对传动质量的影响，或为了分析齿轮加工中的工艺误差，标准中把 F_α 细化分成以下两种偏差，即齿廓形状偏差 $f_{f\alpha}$ 和齿廓倾斜偏差 $f_{H\alpha}$，标准规定 $f_{f\alpha}$ 和 $f_{H\alpha}$ 不是必检项目。

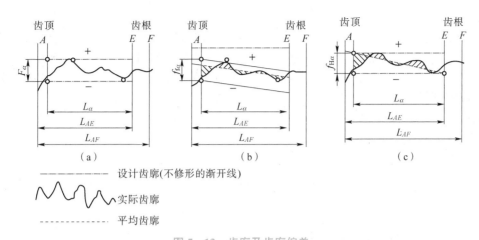

—————— 设计齿廓(不修形的渐开线)

～～～～～ 实际齿廓

‐‐‐‐‐‐ 平均齿廓

图 5 – 13　齿廓及齿廓偏差

(a) 理论渐开线；(b) 修缘齿形；(c) 凸齿形

表 5 – 5　单盘式渐开线检查仪测量齿廓总偏差

测量设备	单盘式渐开线检查仪
测量内容	应用单盘式渐开线检查仪和被测齿轮的基圆盘，检查被测齿轮的齿面在工作齿面内的齿廓总偏差 F_α
测量原理	图 5 – 14 所示为单盘式渐开线检查仪测量原理示意图，通过直尺 6 与基圆盘 2 做纯滚动来产生精确的渐开线，被测齿轮 3 与基圆盘 2 同轴安装，指示表 5 和杠杆 4 安装在直尺 6 上面，并随着直尺移动。测量时，按基圆半径 r_b 调整杠杆 4 的测头位置，使测头位于渐开线的发生线上。然后，将测头与被测齿面接触，转动手轮 1 使直尺移动，由直尺带动基圆盘转动。如果被测齿形有误差，则在测量过程中测头相对于直尺产生相对移动，齿廓总偏差的数值由指示表读出 图 5 – 14　单盘式渐开线检查仪测量原理 1—手轮；2—基圆盘；3—被测齿轮；4—杠杆；5—指示表；6—直尺
说明	单盘式渐开线检查仪，由于齿轮基圆不同使基圆盘数量增多，故只适用于成批生产的齿轮检验

②齿廓形状偏差 $f_{f\alpha}$。

齿廓形状偏差 $f_{f\alpha}$ 是指在计值范围 L_α 内，包容实际齿廓迹线的两条与平均齿廓线完全相同的曲线间的距离，且两条曲线与平均齿廓迹线的距离为常数，如图 5-13（b）所示。平均齿廓迹线是实际齿廓迹线对该迹线的偏差的平方和为最小的一条迹线，可以用最小二乘法求得。

③齿廓倾斜偏差 $f_{H\alpha}$。

齿廓倾斜偏差 $f_{H\alpha}$ 是指在计值范围 L_α 内，两端与平均齿廓迹线相交的两条设计齿廓迹线间的距离，如图 5-13（c）所示。

（4）单个齿距偏差 f_{Pt}。

单个齿距偏差 f_{Pt} 是指在端平面上，在接近齿高中部的一个与齿轮轴线同心的圆上，实际齿距与设计齿距的代数差（见图 5-6），它主要影响运动平稳性。

单个齿距偏差 f_{Pt} 的测量见表 5-2。

3. 影响载荷分布均匀性的偏差及测量

螺旋线偏差是在端面基圆切线方向测得的实际螺旋线偏离设计螺旋线的量，如图 5-15 所示。设计螺旋线为符合设计规定的螺旋线，螺旋线线图包括实际螺旋线迹线、设计螺旋线迹线和平均螺旋线迹线。螺旋线计值范围等于迹线长度两端各减去 5% 的迹线长度，但减去量不超过一个模数。

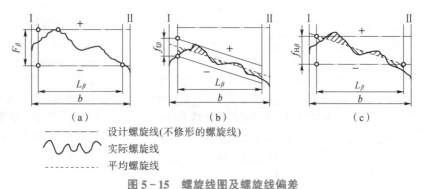

————— 设计螺旋线(不修形的螺旋线)

〜〜〜〜 实际螺旋线

- - - - - - 平均螺旋线

图 5-15　螺旋线图及螺旋线偏差

（a）螺旋线总偏差 F_β；（b）螺旋线形状偏差 $f_{f\beta}$；（c）螺旋线倾斜偏差 $f_{H\beta}$

螺旋线偏差包括螺旋线总偏差 F_β、螺旋线形状偏差 $f_{f\beta}$、螺旋线倾斜偏差 $f_{H\beta}$，它影响齿轮啮合过程中的接触状况及载荷分布的均匀性。

图 5-15 所示为螺旋线图，它是由螺旋线检查仪在纸上画出来的。设计螺旋线可以是未修形的直线（直齿）或螺旋线（斜齿），它们在螺旋线图上均为直线；也可以是鼓形、齿端修薄等修形曲线，它们在螺旋线图上为适当的曲线。

对于渐开线直齿圆柱齿轮，螺旋角 $\beta = 0°$，此时 F_β 称为齿向偏差。

（1）螺旋线总偏差 F_β

螺旋线总偏差 F_β 是指在计值范围内，包容实际螺旋线的两条设计螺旋线间的距离，如图 5-16 所示。

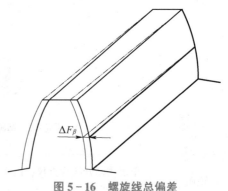

图 5-16　螺旋线总偏差

螺旋线总偏差 F_β 的测量见表 5 - 6。

表 5 - 6　普通偏摆仪测量齿轮的螺旋线总偏差

测量设备	偏摆检查仪
测量内容	应用普通偏摆仪和标准圆柱测量齿轮的螺旋线总偏差 F_β
测量原理	图 5 - 17 所示为在普通偏摆仪上测量螺旋线总偏差的一种方法，其测量原理是把带心轴的齿轮装在中心架上，将标准圆柱放在齿间，用可以移动的指示表测出圆柱两端的高度差，该差值经过数据处理后，即为齿轮的螺旋线总偏差。 图 5 - 17　螺旋线总偏差的测量
说明	在齿宽方向上的螺旋线总偏差，是评定轮齿载荷分布均匀性精度时的必检指标。对于直齿轮，轮齿螺旋角等于 0°，因此其设计螺旋线为一条直线，它平行于齿轮基准轴线

（2）螺旋线形状偏差 $f_{f\beta}$

螺旋线形状偏差 $f_{f\beta}$ 是指在计值范围内，包容实际螺旋迹线的两条与平均螺旋线迹线完全相同的曲线间的距离，且两条曲线与平均螺旋线迹线的距离为常数，如图 5 - 15（b）所示。平均螺旋线迹线是实际螺旋线迹线对该迹线的偏差的平方和为最小，因此可用最小二乘法求得。

（3）螺旋线倾斜偏差 $f_{H\beta}$

螺旋线倾斜偏差 $f_{H\beta}$ 是指在计值范围内，两端与平均螺旋迹线相交的设计螺旋线间的距离，如图 5 - 15（c）所示。

标准规定了 $f_{f\beta}$ 和 $f_{H\beta}$ 不是必检项目。

4. 影响齿轮副侧隙的偏差及测量

为了使齿轮啮合时有一定的侧隙，应将箱体中心距加大或将轮齿减薄。考虑到箱体加工与齿轮加工的特点，宜采用减薄齿厚的方法获得齿侧间隙（即基中心距制）。齿厚减薄量是通过调整刀具与毛坯的径向位置而获得的，其误差将影响侧隙的大小。此外，几何偏心和运动偏心也会引起齿厚不均匀，使齿轮工作时的侧隙不均匀。

为控制齿厚减薄量，获得必要的侧隙，可以采用下列评定指标：齿厚偏差 E_{sn}，公法线平均长度偏差 E_{bn}。

（1）齿厚偏差 E_{sn}

齿厚偏差是指在齿轮分度圆柱面上，齿厚的实际值与公称值之差（对于斜齿轮是指法向齿厚），如图 5 - 18 所示。

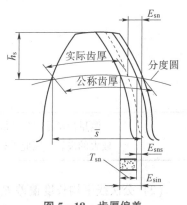

图 5 - 18　齿厚偏差

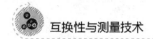

为了保证一定的齿侧间隙，齿厚的上偏差 E_{sns}、下偏差 E_{sni} 一般都是负值。齿厚偏差 E_{sn} 的测量见表 5-7。

表 5-7　齿厚游标卡尺测量齿厚偏差

测量设备	齿厚游标卡尺
测量内容	应用齿厚游标卡尺测量分度圆齿厚偏差；用游标卡尺（或百分尺）测量齿顶圆直径，用于修正分度圆齿高
测量原理	为了保证齿轮在传动过程中形成有侧隙的传动，可通过在加工齿轮时，将齿条刀具由公称位置向齿轮中心做一定位移，使加工出来的轮齿的齿厚也随之减薄，以测量齿厚来反映齿轮传动时齿侧间隙的大小，通常是测量分度圆上的弦齿厚。分度圆弦齿厚可以用齿厚游标卡尺，以齿顶圆作为基准来测量，如图 5-19 所示。测量时，所需要的数据可以用下式计算。 标准直齿圆柱齿轮分度圆上的公称弦齿高 $\bar{h}_a$ 与公称弦齿厚 $\bar{s}$ 分别为 $$\bar{h}_a = m + \frac{zm}{2}\left(1 - \cos\frac{90°}{z}\right) \qquad (5-1)$$ $$\bar{s} = mz\sin\frac{90°}{z} \qquad (5-2)$$ 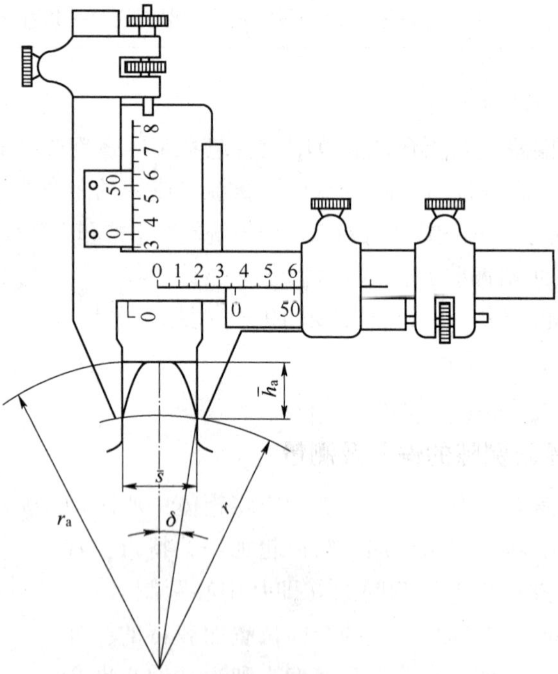 <center>图 5-19　齿厚游标卡尺测量分度圆齿厚</center>
说明	测量齿厚是以齿顶圆为基准，测量结果受顶圆精度影响较大，仅适用于精度较低、模数较大的齿轮。因此需提高齿顶圆精度或改用测量公法线平均长度偏差的方法

（2）公法线平均长度偏差 E_{bn}

公法线平均长度偏差 E_{bn} 是指在齿轮一周内，公法线长度平均值与公称值之差。齿轮因齿厚减薄使公法线长度也相应减小，所以可用公法线平均长度偏差作为反映侧隙的一项指标，其通常是通过跨一定齿数测量公法线长度来检查齿厚偏差的。

公法线平均长度偏差 E_{bn} 的测量见表 5-8 。

表 5-8　公法线千分尺测量齿轮的公法线平均长度偏差

测量设备	公法线千分尺
测量内容	用公法线千分尺测量所给齿轮的公法线长度。
测量原理	公法线长度 W 是指与两异侧齿廓相切的两平行平面间的距离，如图 5-20 所示，该两切点的连线切于基圆，如果选择适当的跨齿数，则可以使公法线长度在齿高中部量得，但必须使量脚能插进被测齿轮的齿槽内，并与齿侧渐开线面相切 <div align="center">图 5-20　公法线千分尺测量公法线长度偏差</div>
说明	与测量齿轮齿厚相比较，测量公法线长度时测量精度不受齿顶圆直径偏差和齿顶圆柱面对齿轮基准轴线的径向圆跳动的影响，因此常用公法线平均长度偏差 E_{bn} 作为齿轮侧隙的评定指标。但为排除切向误差对齿轮公法线长度的影响，应在齿轮一周内至少测量均布的六段公法线长度，并取平均值计算公法线平均长度偏差 E_{bn}

5. 齿轮副的评定指标

（1）中心距极限偏差 $\pm f_{\alpha}$

中心距极限偏差 $\pm f_{\alpha}$ 是指在齿轮副的齿宽中间平面内，实际中心距与公称中心距之差。

公称中心距是考虑了最小侧隙及两齿轮和其相啮合的非渐开线齿廓齿根部分的干涉后确定的。因 GB/Z 18620-2008 标准中未给出中心距偏差值，故仍用国标 GB/Z 10095-1988 标准的中心距极限偏差 $\pm f_{\alpha}$ 表中的数值（见表 5-9）。

表 5-9　中心距极限偏差　　　　　　　　　　　　　μm

中心距/mm	齿轮精度等级	
	5、6 级	7、8 级
≥6~10	7.5	11
>10~18	9	13.5
>18~30	10.5	16.5
>30~50	12.5	19.5
>50~80	15	23

续表

中心距/mm	齿轮精度等级	
	5、6 级	7、8 级
>80~120	17.5	27
>120~180	20	31.5
>180~250	23	36
>250~315	26	40.5
>315~400	28.5	44.5
>400~500	31.5	48.5

（2）轴线平行度偏差 $f_{\Sigma\delta}$ 和 $f_{\Sigma\beta}$

$f_{\Sigma\delta}$ 是一对齿轮的轴线在轴线平面内的平行度偏差，$f_{\Sigma\beta}$ 是一对齿轮的轴线在垂直平面内的平行度偏差，如图 5-21 所示。

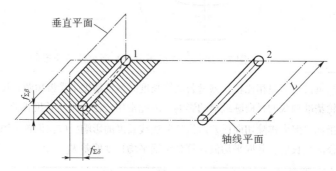

图 5-21　轴线平行度偏差

$f_{\Sigma\beta}$ 和 $f_{\Sigma\delta}$ 的最大允许值为

$$f_{\Sigma\beta} = 0.5\left(\frac{L}{b}\right)F_{\beta} \tag{5-3}$$

$$f_{\Sigma\delta} = 2f_{\Sigma\beta} \tag{5-4}$$

式中，L——轴承跨距；

　　　b—齿宽。

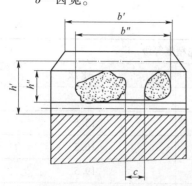

图 5-22　接触斑点分布示意图

（3）齿轮副的接触斑点

齿轮副的接触斑点是指安装好的齿轮副，在轻微制动下，运转后齿面上分布的接触擦亮痕迹。对于在齿轮箱体上安装好的配对齿轮所产生的接触斑点大小，可用于评估齿面接触精度，也可以将被测齿轮安装在机架上与测量齿轮在轻载下测量接触斑点来评估装配后齿轮的螺旋线精度和齿廓精度，如图 5-22 所示。接触痕迹的大小由齿高方向和齿长方向的百分数表示。检验接触斑点时应注意，所加制动力矩既要保证齿面不脱开啮合，又不致使零件产生明显的弹性变形。

沿齿长方向接触痕迹长度 b''（扣除超过模数值的断开部分）与工作长度 b' 之比的百分数为

$$\frac{b''-c}{b'}\times100\% \tag{5-5}$$

沿齿高方向接触痕迹的平均高度 h'' 与工作高度 h' 之比的百分数为

$$\frac{h''}{h'}\times100\% \tag{5-6}$$

5.2.5　渐开线圆柱齿轮精度标准及其选用

渐开线圆柱齿轮的精度标准应积极推行 GB/T 10095-2008 和 GB/Z 18620-2008 两个新标准，见表 5-10。

表 5-10　渐开线圆柱齿轮精度标准

渐开线圆柱齿轮 精度 第 1 部分：齿轮同侧齿面偏差的定义和允许值	GB/T 10095.1-2008
渐开线圆柱齿轮 精度 第 2 部分：径向综合偏差与径向跳动的定义和允许值	GB/T 10095.2-2008
圆柱齿轮检验实施规范 第 1 部分：齿轮同侧齿面的检验	GB/Z 18620.1-2008
圆柱齿轮检验实施规范 第 2 部分：径向综合偏差、径向跳动、齿厚和侧隙的检验	GB/Z 18620.2-2008
圆柱齿轮检验实施规范 第 3 部分：齿轮坯、轴中心距和轴线平行度	GB/Z 18620.3-2008
圆柱齿轮检验实施规范 第 4 部分：表面结构和齿轮接触斑点的检验	GB/Z 18620.4-2008

1. 精度等级及其选择

（1）精度等级

1）齿轮同侧齿面的精度等级

GB/T 10095.1-2008 对轮齿同侧齿面的 11 项偏差规定了 13 个精度等级，即 0、1、2、…、12 级。其中，0 级最高，12 级最低。其适用于分度圆直径为 $\phi5\sim\phi10\,000$ mm、法向模数为 0.5~70 mm、齿宽为 4~1 000 mm 的渐开线圆柱齿轮。

2）径向综合偏差的精度等级

GB/T 10095.2-2008 对径向综合偏差 F''_i 和一齿径向综合偏差 f''_i 规定了 4、5、…、12 共 9 个精度等级，其中 4 级最高、12 级最低。其适用的尺寸范围：分度圆直径 $\phi5\sim\phi1\,000$ mm、法向模数 0.2~10 mm。

3）径向跳动的精度等级

GB/T 10095.2-2008 在附录中对径向跳动 F_r 规定了 0、1、…、12 共 13 个等级，适用的尺寸范围与齿轮同侧齿面偏差的适用范围相同。

各级常用精度各项偏差的数值可查表 5-11、表 5-12 及表 5-13。

表 5-11 $\pm f_{pt}$、F_P、F_α、$f_{f\alpha}$、$f_{H\alpha}$、F_r、f_i'、F_i'、F_W 偏差允许值（摘自 GB/T 10095.1~2-2008）

μm

分度圆直径 d/mm	模数 m_x/mm	单个齿距极限偏差 $\pm f_{pt}$				齿距累积总公差 F_P				齿廓总公差 F_α				齿廓形状偏差 $f_{f\alpha}$				齿廓倾斜极限偏差 $f_{H\alpha}$				径向跳动公差 F_r				f_i'/K值				公法线长度变动公差 F_W			
精度等级		5	6	7	8	5	6	7	8	5	6	7	8	5	6	7	8	5	6	7	8	5	6	7	8	5	6	7	8	5	6	7	8
≥5~20	≥0.5~2	4.7	6.5	9.5	13	11	16	23	32	4.6	6.5	9.0	13	3.5	5.0	7.0	10	2.9	4.2	6.0	8.5	9.0	13	18	25	14	19	27	38	10	14	20	29
	>2~3.5	5.0	7.5	10	15	12	17	23	33	6.5	9.5	13	19	5.0	7.0	10	14	4.2	6.0	8.5	12	9.5	13	19	27	16	23	32	45				
>20~50	≥0.5~2	5.0	7.0	10	14	14	20	29	41	5.0	7.5	10	15	4.0	5.8	8.0	11	3.3	4.6	6.5	9.5	11	16	23	32	14	20	29	41	12	16	23	32
	>2~3.5	5.5	7.5	11	15	15	21	30	42	7.0	10	14	20	5.5	8.0	11	16	4.5	6.5	9.0	13	12	17	24	34	17	24	34	48				
	>3.5~6	6.0	8.5	12	17	15	22	31	44	9.0	12	18	25	7.0	9.5	14	19	5.5	8.0	11	16	12	17	25	36	19	27	38	54				
>50~125	≥0.5~2	5.5	7.5	11	15	18	26	37	52	6.0	8.5	12	17	4.5	6.5	9.0	13	3.7	5.5	7.5	10	15	21	29	42	16	22	31	44	14	19	27	37
	>2~3.5	6.0	8.5	12	17	19	27	38	53	8.0	11	16	22	6.0	8.5	12	17	5.0	7.0	10	14	15	21	30	43	18	25	36	51				
	>3.5~6	6.5	9.0	13	18	19	28	39	55	9.5	13	19	27	7.5	10	15	21	6.0	8.5	12	17	16	22	31	44	20	29	40	57				
>125~280	≥0.5~2	6.0	8.5	12	17	24	35	49	69	7.0	10	14	20	5.5	7.5	11	16	4.4	6.0	9.0	12	20	28	39	55	17	24	34	49	16	22	31	44
	>2~3.5	6.5	9.0	13	18	25	35	50	70	9.0	13	18	25	7.0	9.5	14	19	5.5	8.0	11	16	20	28	40	56	20	28	39	56				
	>3.5~6	7.0	10	14	20	25	36	51	72	11	15	21	30	8.0	12	16	23	6.5	9.5	13	19	20	29	41	58	22	31	44	62				
>280~560	≥0.5~2	6.5	9.0	13	18	32	46	64	91	8.5	12	17	23	6.5	9.0	13	18	5.5	7.5	11	15	26	36	51	73	19	27	39	54	19	26	37	53
	>2~3.5	7.0	10	14	20	33	46	65	92	10	15	21	29	8.0	11	16	22	6.5	9.0	13	18	26	37	52	74	22	31	44	62				
	>3.5~6	8.0	11	16	22	33	47	66	94	12	17	24	34	9.0	13	18	26	7.5	11	15	21	27	38	53	75	24	34	48	68				

表 5-12　F_β、$f_{f\beta}$、$f_{H\beta}$ 偏差允许值（摘自 GB/T 10095.1~2-2008）　　μm

分度圆直径 d/mm	偏差项目 精度等级 齿宽 b/mm	螺旋线总偏差 F_β				螺旋线形状偏差 $f_{f\beta}$ 和 螺旋线倾斜极限偏差 $\pm f_{H\beta}$			
		5	6	7	8	5	6	7	8
≥5~20	≥4~10	6.0	8.5	12	17	4.4	6.0	8.5	12
	>10~20	7.0	9.5	14	19	4.9	7.0	10	14
>20~50	≥4~10	6.5	9.0	13	18	4.5	6.5	9.0	13
	>10~20	7.0	10	14	20	5.0	7.0	10	14
	>20~40	8.0	11	16	23	6.0	8.0	12	16
>50~125	≥4~10	6.5	9.5	13	19	4.8	6.5	9.5	13
	>10~20	7.5	11	15	21	5.5	7.5	11	15
	>20~40	8.5	12	17	24	6.0	8.5	12	17
	>40~80	10	14	20	28	7.0	10	14	20
>125~280	≥4~10	7.0	10	14	20	5.0	7.0	10	14
	>10~20	8.0	11	16	22	5.5	8.0	11	16
	>20~40	9.0	13	18	25	6.5	9.0	13	18
	>40~80	10	15	21	29	7.5	10	15	21
	>80~160	12	17	25	35	8.5	12	17	25
>280~560	≥10~20	8.5	12	17	24	6.0	8.5	12	17
	>20~40	9.5	13	19	27	7.0	9.5	14	19
	>40~80	11	15	22	33	8.0	11	16	22
	>80~160	13	18	26	36	9.0	13	18	26
	>160~250	15	21	30	43	11	15	22	30

表 5-13　F_i''、f_i'' 偏差允许值（摘自 GB/T 10095.2-2008）　　μm

分度圆直径 d/mm	偏差项目 精度等级 模数 m_n/mm	径向综合总偏差 F_i''				一齿径向综合偏差 f_i''			
		5	6	7	8	5	6	7	8
≥5~20	≥0.2~0.5	11	15	21	30	2.0	2.5	3.5	5.0
	>0.5~0.8	12	16	23	33	2.5	4.0	5.5	7.5
	>0.8~1.0	12	18	25	35	3.5	5.0	7.0	10
	>1.0~1.5	14	19	27	38	4.5	6.5	9.0	13

分度圆直径 d/mm	偏差项目 精度等级 模数 m_n/mm	径向综合总偏差 F''_i				一齿径向综合偏差 f''_i			
		5	6	7	8	5	6	7	8
>20~50	≥0.2~0.5	13	19	26	37	2.0	2.5	3.5	5.0
	>0.5~0.8	14	20	28	40	2.5	4.0	5.5	7.5
	>0.8~1.0	15	21	30	42	3.5	5.0	7.0	10
	>1.0~1.5	16	23	32	45	4.5	6.5	9.0	13
	>1.5~2.5	18	26	37	52	6.5	9.5	13	19
>50~125	≥1.0~1.5	19	27	39	55	4.5	6.5	9.0	13
	>1.5~2.5	22	31	43	61	6.5	9.5	13	19
	2.5~4.0	25	36	51	72	10	14	20	29
	>4.0~6.0	31	44	62	88	15	22	31	44
	>6.0~10	40	57	80	114	24	34	48	67
>125~280	≥1.0~1.5	24	34	48	68	4.5	6.5	9.0	13
	>1.5~2.5	26	37	53	75	6.5	9.5	13	19
	>2.5~4.0	30	43	61	86	10	15	21	29
	>4.0~6.0	36	51	72	102	15	22	48	67
	>6.0~10	45	64	90	127	24	34	48	67
>280~560	≥1.0~1.5	30	43	61	86	4.5	6.5	9.0	13
	>1.5~2.5	33	46	65	92	6.5	9.5	13	19
	>2.5~4.0	37	52	73	104	10	15	21	29
	>4.0~6.0	42	60	84	119	15	22	31	44
	>6.0~10	51	73	103	145	24	34	48	68

（2）精度等级的选用

齿轮精度等级选择的主要依据是齿轮传动的用途、使用要求、工作条件以及其他技术要求。要综合考虑传递运动的精度、齿轮圆周速度的大小、传递功率的高低、润滑条件、持续工作时间的长短、制造成本和使用寿命等因素，在满足使用要求的前提下，应尽量选择较低精度的公差等级。精度等级的选择方法有计算法和类比法。

1）计算法

计算法是根据工作条件和具体要求，通过对整个传动链的运动误差计算确定齿轮的精度等级；或者根据传动中允许的振动和噪声指标，通过动力学计算确定齿轮的精度等级；也可以根据对齿轮的承载要求，通过强度和寿命计算确定齿轮的精度等级。计算法一般用于高精度齿轮精度等级的确定。

2）类比法

类比法是根据生产实践中总结出来的同类产品的经验资料，经过对比选择精度等级。在实际生产中，常用类比法。

表 5-14 所示为各类机械采用的齿轮的精度等级及其应用范围，可供参考。在机械传动中应用最多的齿轮既传递运动又传递动力，其精度等级与圆周速度密切相关，因此可计算出齿轮的最高圆周速度，表 5-15 所示为齿轮精度等级与圆周速度的应用范围。

表 5-14　各类机械中齿轮精度等级及其应用范围

应用范围	精度等级	应用范围	精度等级
单啮仪、双啮仪等使用的测量齿轮	3~5	载重汽车	6~9
涡轮机减速器	3~6	通用减速器	6~9
精密切削机床	3~7	拖拉机	6~10
一般切削机床	5~8	轧钢机	6~10
航空发动机	4~7	起重机	7~10
轻型汽车	5~8	地质矿用绞车	8~10
内燃或电气机车	6~8	农业机械	8~11

表 5-15　齿轮精度等级与圆周速度的应用范围

精度等级	应用范围	圆周速度/（m·s⁻¹）	
		直齿	斜齿
4	高精度和极精密分度机构的齿轮；要求极高的平稳性和无噪声的齿轮；检验 7 级精度齿轮的测量齿轮；高速涡轮机齿轮	<35	<70
5	高精度和精密分度机构的齿轮；高速重载、重型机械进给齿轮；要求高的平稳性和无噪声的齿轮；检验 8、9 级精度齿轮的测量齿轮	<20	<40
6	一般分度机构的齿轮，3 级和 3 级以上精度机床中的进给齿轮；高速、重型机械传动中的动力齿轮；高速传动中的高效率、平稳性和无噪声齿轮；读数机构中传动齿轮	<15	<30
7	4 级和 4 级以上精度机床中的进给齿轮；高速、动力小而需要反向回转的齿轮；有一定速度的减速器齿轮，有平稳性要求的航空齿轮、船舶和轿车的齿轮	<l0	<15
8	一般精度机床齿轮；汽车、拖拉机和减速器中的齿轮，航空器中不重要的齿轮；农用机械中的重要齿轮	<6	<10
9	精度要求低的齿轮；没有传动要求的手动齿轮	<2	<4

2. 齿轮的检验项目及其选择

（1）齿轮的检验

齿轮的检验可分为单项检验和综合检验，综合检验又分为单面啮合综合检验和双面啮合综合检验，见表 5-16。

表 5-16 齿轮的检验项目

单项检验项目		齿廓总偏差 F_α	螺旋线总偏差 F_β
		径向跳动 F_r	齿厚偏差 E_{sn}
		齿距偏差 F_P、f_{Pt}、F_{PK}	
综合检验项目	单面啮合综合检验	切向综合偏差 F_i'	一齿切向综合偏差 f_i'
	双面啮合综合检验	径向综合偏差 F_i''	一齿径向综合偏差 f_i''

（2）齿轮精度

齿轮精度标准 GB/T 10095.1-2008、GB/T 10095.2-2008 及其指导性技术文件中给出的偏差项目虽然很多，但作为评价齿轮质量的客观标准，齿轮质量的检验项目应该主要是单项指标，即齿距偏差（F_P、f_{Pt}、F_{PK}）、齿廓总偏差（F_α）、螺旋线总偏差（F_β）及齿厚偏差 E_{sn} 或公法线长度极限偏差 E_{bn}。标准中给出的其他参数一般不是必检项目，而是根据供需双方具体要求协商确定的。

根据我国多年来的生产实践及目前齿轮生产的质量控制水平，建议供需双方依据齿轮的功能要求、生产批量和检测手段，在以下推荐的检验组中选取一个检验组来评定齿轮的精度等级。

①F_P、F_α、F_r、F_β、E_{bn} 或 E_{bn}（3~9 级）；

②F_P、F_{PK}、F_α、F_r、F_β、E_{sn} 或 E_{bn}（3~9 级）；

③F_P、f_{Pt}、F_α、F_r、F_β、E_{sn} 或 E_{bn}（3~9 级）；

④F_i''、f_i''、E_{sn} 或 E_{bn}（6~9 级）；

⑤F_i'、f_i'、F_β、E_{sn} 或 E_{bn}（3~8 级）；

⑥f_{Pt}、F_r、E_{sn} 或 E_{bn}（10~12 级）。

（3）检验注意事项

检验项目选择应注意以下几点：

①对于高精度的齿轮选用综合性指标检验，低精度齿轮可选用单项性指标组合检验。

②为揭示工艺过程中工艺误差产生的原因，应有目的地选用单项性指标组合检验；成品验收则选用供需双方共同认定的检验项目。

③批量生产时宜选用综合指标，单件小批时则选用单项性组合的指标检验。

3. 齿轮副侧隙和齿厚极限偏差的确定

（1）法向侧隙及齿厚极限偏差

齿侧间隙通常有两种表示方法，即圆周侧隙 j_{wt} 和法向侧隙 j_{bn}，如图 5-23 所示。

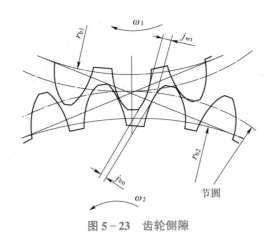

图 5-23　齿轮侧隙

圆周侧隙 j_{wt} 是指安装好的齿轮副，当其中一个齿轮固定时，另一齿轮圆周的晃动量，以分度圆上弧长计值。

法向侧隙 j_{bn} 是指安装好的齿轮副，当工作齿面接触时，非工作齿面之间的最短距离。

测量 j_{bn} 需在基圆切线方向，也就是在啮合线方向上测量，一般可以通过压铅丝方法测量，即齿轮啮合过程中在齿间放入一块铅丝，啮合后取出压扁了的铅丝测量其厚度，也可以用塞尺直接测量 j_{bn}。

理论上 j_{wt} 与 j_{bn} 存在以下关系：

$$j_{bn} = j_{wt} \cos \alpha_{wt} \cos \beta_b \qquad (5-7)$$

式中，a_{wt}——端面工作压力角；

　　　β_b——基圆螺旋角。

（2）最小侧隙 j_{bnmin} 的确定

齿轮传动时，必须保证有足够的最小侧隙 j_{bnmin}，以保证齿轮机构正常工作。对于用黑色金属材料齿轮和黑色金属材料箱体的齿轮传动，工作时齿轮节圆线速度小于 15 m/s，其箱体、轴和轴承都采用常用的商业制造公差，j_{bmin} 可按式（5-8）计算：

$$j_{bmin} = \frac{2}{3}(0.06 + 0.000\ 5a + 0.03m_n) \qquad (5-8)$$

式中，a——中心距；

　　　m_n——法向模数。

按上式计算可以得出如表 5-17 所示的推荐数据。

表 5-17　对于中、大模数齿轮最小侧隙 j_{bmin} 的推荐数据（摘自 GB/Z 18620.2—2008）　mm

模数 m_n	中心距 a					
	50	100	200	400	800	1 600
1.5	0.09	0.11	—	—	—	—
2	0.10	0.12	0.15	—	—	—
3	0.12	0.14	0.17	0.24	—	—
5	—	0.18	0.21	0.28	—	—

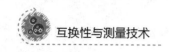

模数 m_n	中心距 a					
	50	100	200	400	800	1 600
8	—	0.24	0.27	0.34	0.47	—
12			0.35	0.42	0.55	—
18	—	—	—	0.54	0.67	0.94

（3）齿侧间隙的获得和检验项目

齿轮轮齿的配合采用基中心距制，在此前提下，齿侧间隙必须通过减薄齿厚来获得，由此还可通过控制公法线长度来控制齿厚。

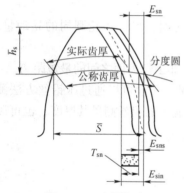

图 5-24 齿厚偏差

1）用齿厚极限偏差控制齿厚

为了获得最小侧隙 j_{bmin}，齿厚应保证有最小减薄量，它是由分度圆齿厚上偏差 E_{sns} 形成的，如图 5-24 所示。

对于 E_{sns} 的确定，可以参考同类产品的设计经验或其他有关资料选取，当缺少此方面资料时可参考下述方法计算选取。当主动轮与被动轮齿厚都做成最大值即做成上偏差时，可获得最小侧隙 j_{bmin}。通常两齿轮的齿厚上偏差相等，此时

$$j_{bmin} = 2\,|\,E_{sns}\,|\cos\,\alpha_n \qquad (5-9)$$

因此有

$$E_{sns} = \frac{j_{bmin}}{2\cos\,\alpha_n} \qquad (5-10)$$

按式（5-10）求得的 E_{sns} 应取负值。

齿厚公差的选择要适当，公差过小势必会增加齿轮制造成本；公差过大会使侧隙增大，使齿轮正、反转时空行程过大。齿厚公差 T_{sn} 可按式（5-11）求得：

$$T_{sn} = (\sqrt{F_r^2 + b_r^2}\,)2\tan\,\alpha_n \qquad (5-11)$$

式中，F_r——径向跳动公差；

b_r——切齿径向进刀公差，可按表 5-18 选取。

表 5-18 切齿径向进刀公差 b_r 值

齿轮精度等级	4	5	6	7	8	9
b_r 值	1.26IT7	IT8	1.26IT8	IT9	1.26IT9	IT10
注：查 IT 值的主参数为分度圆直径尺寸。						

为了使齿侧间隙不至过大，在齿轮加工中还需根据加工设备的情况适当地控制齿厚下偏差 E_{sni}，E_{sni} 可按下式求得：

$$E_{sni} = E_{sns} - T_{sn} \qquad (5-12)$$

式中，T_{sn}——齿厚公差。

若齿厚偏差合格，则实际齿厚偏差 E_{sn} 应处于齿厚公差带内。

2）用公法线平均长度极限偏差控制齿厚

齿轮齿厚的变化必然引起公法线长度的变化，测量公法线长度同样可以控制齿侧间隙。公法线长度的上偏差 E_{bns} 和下偏差 E_{bni} 与齿厚偏差有以下关系：

$$E_{bns} = E_{sns} \cos \alpha_n \qquad (5-13)$$

$$E_{bni} = E_{sni} \cos \alpha_n \qquad (5-14)$$

公法线平均长度极限偏差可用公法线千分尺或公法线指示卡规进行测量，如图 5-20 所示。标准直齿圆柱齿轮测公法线时所跨齿数 k 按下式计算：

$$k = \frac{z}{9} + 0.5 \quad （四舍五入取整数） \qquad (5-15)$$

非变位的齿形角为 20° 的直齿轮公法线长度为

$$W_k = m[2.952(k-0.5) + 0.014z] \qquad (5-16)$$

4. 齿坯精度

齿坯的尺寸偏差、形位误差和表面质量对齿轮的加工精度、安装精度及齿轮副的接触条件和运转状况等会产生一定的影响，因此为了保证齿轮的传动质量，就必须控制齿坯精度，以使加工的轮齿更易满足使用要求。

齿坯精度包括齿轮内孔、齿顶圆、齿轮轴的定位基准面和安装基准面的精度以及各工作表面的粗糙度要求。齿轮内孔与轴颈常作为加工、测量和安装基准，按齿轮精度对它们的尺寸和位置也提出了一定的精度要求。齿坯的尺寸和形状公差，以及齿坯基准面径向和端面跳动公差，可参照 GB/T 10095-1988，见表 5-19 和表 5-20。

表 5-19　齿坯尺寸和形状公差（摘自 GB/T 10095-2008）

齿轮精度等级		5	6	7	8	9	10	11	12
孔	尺寸、形位公差	IT5	IT6	IT7		IT8		IT9	
轴		IT5		IT6		IT7		IT8	
顶圆直径偏差		$\pm 0.05 m_n$							
注：当顶圆不作为测量基准时，其尺寸公差按 IT11 给定，但不大于 $0.1 m_n$。									

表 5-20　齿坯基准面径向和端面圆跳动公差（摘自 GB/T 10095-2008）　　　　μm

分度圆直径 d/mm	齿轮精度等级			
	3~4	5~6	7~8	9~10
到 125	7	11	18	28
>125~400	9	14	22	36
>400~800	12	20	32	50
>800~1 600	18	28	45	71

（1）基准轴线、基准面确定的方法

用来确定基准轴线的面称为基准面，用来确定齿轮偏差，特别是确定齿距、齿廓和螺旋

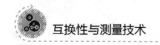

线偏差等的基准称为基准轴线。

基准轴线和基准面是设计、制造、检测齿轮产品的基准。齿轮精度参数值只有在明确其特定的旋转轴线后才有意义，为了满足齿轮的性能和精度要求，应尽量使基准的公差值减至最小。

确定基准轴线最常用的方法是尽可能做到设计基准、工艺基准和测量基准相统一，见表 5 - 21。

表 5 - 21　确定基准轴线方法

序号	说明	图示
1	用两个"短的"圆柱或圆锥形基准面上设定的两个圆的圆心来确定轴线上的两点	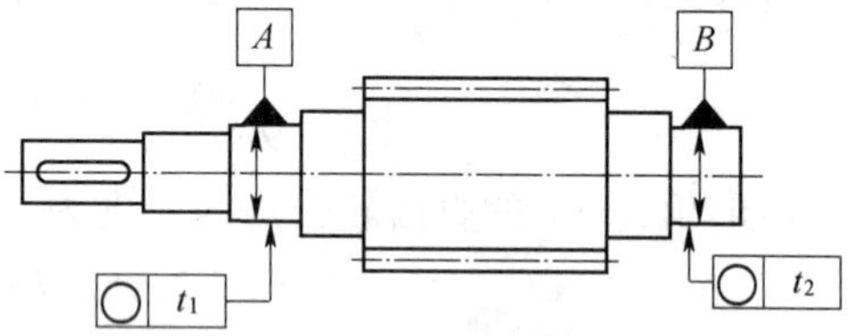
2	用一个"长的"圆柱或圆锥面来同时确定轴线的位置和方向，孔的轴线可以用与之相匹配的正确装配的工作心轴的轴线来代表	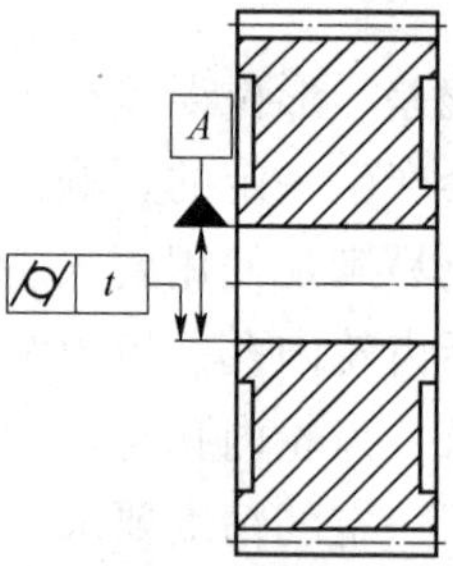
3	轴线的位置用一个"短的"圆柱形基准面上的一个圆的圆心来确定，而其方向则用垂直于此轴线的一个基准端面来确定	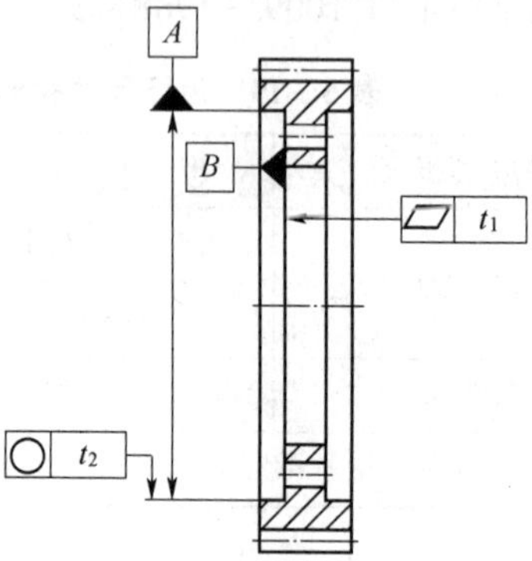
4	两中心孔确定基准轴线	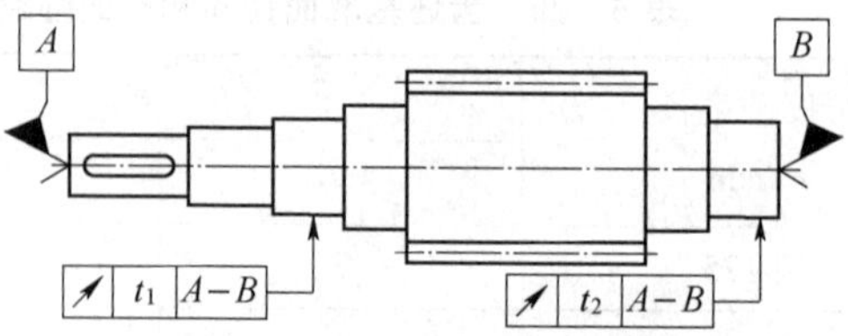

（2）基准面与安装面的形位公差

若工作安装面被选择为基准面，则可直接选用表 5 - 22 中的基准面与安装面的形状公差。但当基准轴线与工作轴线不重合时，工作安装面相对于基准轴线的跳动公差在零件图样上应予以控制，跳动公差应不大于表 5 - 23 中的数值。

表5-22　基准面和安装面的形状误差（摘自 GB/Z 18620.3-2008）

确定轴线的基准面	公差项目		
	圆度	圆柱度	平面度
两个"短的"圆柱或圆锥形基准面	$0.04(L/b)F_\beta$ 或 $0.1F_P$ 取两者中小值	—	—
一个"长的"圆柱或圆锥形基准面	—	$0.04(L/b)F_\beta$ 或 $0.1F_P$ 取两者中小值	—
一个"短的"圆柱面和一个端面	$0.06F_P$	—	$0.06(D_d/b)F_\beta$

注：1. 齿轮坯的公差应减至能经济地制造的最小值。
　　2. L 为较大的轴承跨距，D_d 为基准面直径，b 为齿宽。

表5-23　安装面的跳动公差（摘自 GB/Z 18620.3-2008）

确定轴线的基准面	跳动量（总的指示幅度）	
	径向	轴向
仅指圆柱或圆锥形基准面	$0.15(L/b)F_\beta$ 或 $0.3F_P$ 取两者中大值	—
一个圆柱基准面和一个端面基准	$0.3F_P$	$0.2(D_d/b)F_\beta$

注：L 为较大的轴承跨距，D_d 为基准面直径，b 为齿宽。

（3）齿轮各部分粗糙度

齿轮表面粗糙度见表5-24，齿轮各基准面表面粗糙度的推荐值见表5-25。

表5-24　齿轮表面粗糙度（摘自 GB/Z 18620.4-20028）

齿轮精度等级	$Ra/\mu m$		$Rz/\mu m$	
	$m_n<6$ mm	$6 \leqslant m_n \leqslant 25$ mm	$m_n<6$ mm	6 mm $\leqslant m_n \leqslant 25$ mm
5	0.50	0.63	3.2	4.0
6	0.80	1.0	5.0	6.3
7	1.25	1.6	8.0	10
8	2.0	2.5	12.5	16
9	3.2	4.0	20	25
10	5.0	6.3	32	40

表5-25　齿轮各基准面表面粗糙度（Ra）的推荐值　　　　　　　　　　μm

齿轮精度等级	5	6	7		8	9	
齿面加工方法	磨齿	磨或珩齿	剃或珩齿	精滚精插	插或滚齿	滚齿	铣齿
齿轮基准孔	0.32~0.63	1.25	1.25~2.5			5	
齿轮轴基准轴颈	0.32	0.63	1.25		2.5		
齿轮基准端面	1.25~2.5	2.5~5				3.2~5	
齿轮顶圆	1.25~2.5	3.2~5					

5. 齿轮精度的标注

按照国标的规定：若齿轮的检验项目具有相同精度等级，则只需标注精度等级和标准号；而当齿轮各检验项目的精度等级不同时，应在精度等级后面用括号加注检验项目。

齿轮精度等级的标注方法示例：

【例 5－1】7 GB/T 10095.1—2008

表示齿轮各项偏差项目均应符合 GB/T 10095.1—2008 的要求，精度均为 7 级。

【例 5－2】7 F_P 6(F_α、F_β) GB/T 10095.1—2008

表示偏差 F_P、F_α、F_β 均按 GB/T 10095.1—2008 要求，但是 F_P 为 7 级，F_α 与 F_β 均为 6 级。

【例 5－3】7(F_i''、f_i'') GB/T 10095.2—2008

表示偏差 F_i''、f_i'' 均按 GB/T 10095.2—2008 要求，精度均为 7 级。

由于齿轮公差项目较多，故在设计齿轮时，在齿轮的工作图上除了标注齿轮的精度外，还必须标注各公差组的检验组项目及公差（偏差）数值，作为检定和验收齿轮的依据。

6. 齿轮精度设计实例

【例 5－4】某机床主轴箱传动轴上的一对直齿圆柱齿轮，$z_1 = 28$，$z_2 = 60$，$m_n = 3$ mm，齿宽 $b = 24$ mm，两轴承中间距离 $L = 100$ mm，$n = 1\,450$ r/min，小齿轮孔径 $D = 35$ mm，齿轮材料为钢，箱体材料为铸铁，单件小批生产，试设计小齿轮的精度，并画出齿轮零件图。

【解】（1）确定小齿轮精度等级

该齿轮为机床主轴箱传动齿轮，由表 5－15 大致得出，齿轮精度在 5~8 级之间，进一步分析，该齿轮为既传递运动又传递动力，因此可根据线速度确定其精度等级。

$$v = \frac{\pi dn}{1\,000 \times 60} = \frac{3.14 \times 3 \times 28 \times 1\,450}{1\,000 \times 60} = 6.37 \ (\text{m/s})$$

参考表 5－15 可确定该齿轮为 7 级精度，则齿轮精度表示为 7 GB/T 10095.1—2008。

（2）确定检验项目及公差

该齿轮属小批生产，中等精度，因此可选用第 1 检验组，即检验 F_P、F_α、F_r、F_β。查表 5－11 得 $F_P = 0.038$ mm、$F_\alpha = 0.016$ mm、$F_r = 0.030$ mm，查表 5－12 得 $F_\beta = 0.017$ mm。

（3）确定齿厚极限偏差（或公法线平均长度偏差）

1）确定最小法向侧隙 j_{bnmin}

采用查表法，已知中心距

$$a = \frac{m}{2}(z_1 + z_2) = \frac{3}{2} \times (28 + 60) = 132 \ (\text{mm})$$

得

$$j_{bnmin} = \frac{2}{3}(0.06 + 0.000\,5\alpha + 0.03\,m_n)$$

$$= \frac{2}{3} \times (0.06 + 0.000\,5 \times 132 + 0.03 \times 3)$$

$$= 0.144 \ (\text{mm})$$

2）确定齿厚上偏差 E_{sns}

采用简易计算法，并取 $E_{sns1} = E_{sns2}$，得

$$E_{sns} = j_{bnmin}/2\cos \alpha_n$$
$$= 0.144/2\cos 20°$$
$$= 0.077 \ (mm)$$

取负值为 $E_{sns} = -0.077$。

3）计算齿厚公差 T_{sn}

查表 5-11 得 $F_r = 0.03$ mm，查表 5-18 得 $b_r = IT9 = 87 \ \mu m = 0.087$ mm，故有：

$$T_{sn} = \left(\sqrt{F_r^2 + b_r^2} \right) 2\tan \alpha_n = \sqrt{0.030^2 + 0.087^2} \times 2 \times \tan 20°$$
$$= 0.067 \ (mm)$$

4）计算齿厚下偏差 E_{sni}

$$E_{sni} = E_{sns} - T_{sn}$$
$$= -0.077 - 0.067$$
$$= -0.144 \ (mm)$$

5）计算公法线长度极限偏差

通常用检查公法线长度极限偏差来代替齿厚偏差。

上偏差：

$$E_{bns} = E_{sns}\cos \alpha_n = -0.077\cos 20° = -0.072$$

下偏差：

$$E_{bni} = E_{sni}\cos \alpha_n = -0.144\cos 20° = -0.135$$

由式（5-15）得跨齿数：

$$k = \frac{z}{9} + 0.5 = \frac{28}{9} + 0.5 \approx 3.61$$

取 $k = 4$。

公法线公称长度：

$$W_k = m_n \left[2.952 \times (k - 0.5) + 0.014z \right]$$
$$= 3 \times \left[2.952 \times (4 - 0.5) + 0.014 \times 28 \right]$$
$$= 32.172$$

则公法线长度及偏差为

$$W_k = 32.17^{-0.072}_{-0.135}$$

（4）确定齿坯精度

根据齿轮结构，齿轮内孔既是基准面，又是工作安装面和制造安装面。

1）齿轮内孔的尺寸公差

由表 5-19，孔的尺寸公差为 7 级，取 H7，即 $\phi 35 H7 \ (^{+0.025}_{0})$。

2）齿顶圆直径偏差

齿顶圆直径为

$$d_a = m_n(z + 2) = 3 \times (28 + 2) = 90 \ (mm)$$

根据表 5-19，有 $\pm T_{d_a} = \pm 0.05 m_n = \pm 0.15$ mm，取 js11，则 $\pm T_{d_a} = \pm 0.11$ mm。

3）基准面的形位公差

内孔圆柱度公差 t：

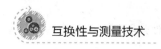

由表 5‒22 可得

$$0.04(L/b)F_\beta = 0.04 \times (100/24) \times 0.017 \approx 0.003$$
$$0.1F_P = 0.1 \times 0.038 \approx 0.004$$

取以上两值中小值，即 $t_1 = 0.003$ mm。

端面圆跳动公差：由表 5‒20 得 $t_2 = 0.018$ mm。

齿顶圆径向圆跳动公差：由表 5‒20 得 $t_3 = 0.018$ mm。

4）齿坯表面粗糙度

由表 5‒24 查得齿面 Ra 上限值为 1.25 μm。

由表 5‒25 查得齿坯内孔 Ra 上限值为 1.25 μm。

端面 Ra 上限值为 2.5 μm。

齿顶圆 Ra 上限值为 3.2 μm。

其余表面的表面粗糙度 Ra 上限值为 12.5 μm。

5）绘制齿轮工作图

齿轮工作图如图 5‒1 所示，有关参数须列表并标在图样的右上角。

5.2.6　单键与花键连接的互换性

键与花键常用于轴与轴上传动件（如齿轮、带轮、联轴器、手轮等）之间的可拆卸连接，用以传递转矩。当配合件之间要求作轴向移动时，还可以起导向作用。

1. 单键连接的互换性

单键（通常称键）分为平键、半圆键、切向键和楔键等几种，其中平键连接应用最广泛。平键又包括普通平键和导向平键，前者用于固定连接，后者用于导向连接。

平键精度设计

（1）平键连接的公差与配合

1）平键连接的几何参数

平键连接是由键、轴槽、轮毂槽三部分构成的，其接合尺寸有键宽、键槽宽（轴槽宽和轮毂槽宽）、键高、槽深和键长等参数。平键连接在工作时，通过键的侧面与轴槽和轮毂槽的侧面相互接触来传递转矩。平键连接的几何参数如图 5‒25 所示。

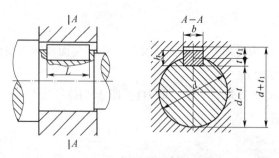

图 5‒25　平键连接的几何参数

平键连接的剖面尺寸均已标准化，在 GB/T 1096‒2003《普通平键键槽的剖面尺寸及公差》中作了规定，具体数值见表 5‒26。

表 5 – 26　普通平键和键槽的剖面尺寸及公差（摘自 GB/T 1095–2003）　　　　mm

轴	键	键槽								
			宽度					深度		
			轴槽与轮毂槽宽度的极限偏差					轴槽深 t		轮毂槽深 t_1
公称直径 d	基本尺寸 $b×h$	键宽 b	较松连接		一般连接		较紧连接			
			轴 H9	毂 D10	轴 N9	毂 JS9	轴和毂 P9	公称尺寸	极限偏差	公称尺寸	极限偏差
≤6~8	2×2	2	+0.025 0	+0.060 +0.020	-0.004 -0.029	±0.0125	-0.006 -0.031	1.2	+0.1 0	1.0	+0.1 0
>8~10	3×3	3						1.8		1.4	
>10~12	4×4	4	+0.030 0	+0.078 +0.030	0 -0.030	±0.015	-0.012 -0.042	2.5		1.8	
>12~17	5×5	5						3.0		2.3	
>17~22	6×6	6						3.5		2.8	
>22~30	8×7	8	+0.036 0	+0.098 +0.040	0 -0.036	±0.018	-0.015 -0.051	4.0		3.3	
>30~38	10×8	10						5.0		3.3	
>38~44	12×8	12	+0.043 0	+0.120 +0.050	0 -0.043	±0.021 5	-0.018 -0.061	5.0		3.3	
>44~50	14×9	14						5.5		3.8	
>50~58	16×10	16						6.0	+0.2 0	4.3	+0.2 0
>58~65	18×11	18						7.0		4.4	
>65~75	20×12	20	+0.052 0	+0.149 +0.065	0 -0.052	±0.026	0.022 -0.074	7.5		4.9	
>75~85	22×14	22						9.0		5.4	
>85~95	25×14	25						9.0		5.4	
>95~110	28×16	28						10.0		6.4	
>110~130	32×18	32						11.0		7.4	
>130~150	36×20	36	+0.062 0	+0.180 +0.080	0 -0.062	±0.031	0.026 -0.088	12.0		8.4	
>150~170	40×22	40						13.0		9.4	
>170~200	45×25	45						15.0		10.4	
>200~230	50×28	50						17.0		11.4	
>230~260	56×32	56						20.0	+0.3 0	12.4	+0.3 0
>260~290	63×32	63	+0.074 0	+0.220 +0.100	0 -0.074	±0.037	0.032 -0.106	20.0		12.4	
>290~330	70×36	70						22.0		14.4	
>330~380	80×40	80						25.0		15.4	
>380~440	90×45	90	+0.087 0	+0.260 +0.120	0 -0.087	±0.043 5	0.037 -0.124	28.0		17.4	
>440~500	100×50	100						31.0		19.5	

注：$d-t$ 和 $d+t_1$ 两组合尺寸的极限偏差按相应的 t 和 t_1 的极限偏差选取，但 $d-t$ 的极限偏差值应取负号（即 t 极限偏差的相反数）。

2）尺寸公差带

由于平键连接是通过键的侧面与轴槽和轮毂槽的侧面相互接触来传递转矩的，因此在平键连接的接合尺寸中，键和键槽的宽度 b 是配合尺寸，应规定较严格的公差，其余尺寸为非配合尺寸，可以规定较大的公差。

平键连接中的键为标准件，相当于广义的"轴"，轴槽和轮毂槽相当于广义的"孔"。因键要与轴槽和轮毂槽同时配合，而且配合要求往往又不相同，因此平键配合采用基轴制，其尺寸大小是根据轴的直径选取的。

GB/T 1096-2003《普通平键键槽的剖面尺寸及公差》对键宽规定了一种公差带，即 h8；对轴槽宽规定了三种公差带，即 H9、N9、P9；对轮毂槽宽规定了三种公差带，即 D10、JS9、P9。由此，平键与轴槽及轮毂槽就构成三种不同性质的配合，即较松连接、一般连接、较紧连接，以满足各种不同用途的需要。键宽、轴槽宽、轮毂槽宽的公差带如图 5-26 所示。平键连接的三种配合及应用如表 5-27 所示。

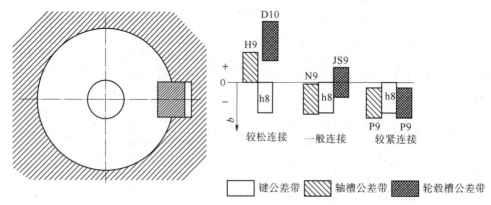

图 5-26　键宽与键槽宽的公差带

表 5-27　平键连接的三种配合及应用

配合种类	尺寸 b 的公差带			应用
	键	轴槽	轮毂槽	
较松连接		H9	D10	用于导向平键，轮毂可在轴上移动
一般连接	h8	N9	JS9	键在轴槽及轮毂槽中均固定，用于载荷不大的场合
较紧连接		P9	P9	键在轴槽及轮毂槽中均牢固固定，用于载荷较大、有冲击和双向扭矩的场合

3）键槽的形位公差与表面粗糙度

为保证键侧与键槽侧面有足够的接触面积，避免装配困难，应分别规定轴槽对轴的轴线和轮毂槽对孔的轴线的对称度公差。根据不同的使用要求，对称度公差可按 GB/T 1184-1996《形状和位置公差》规定选取，一般取 7~9 级。

轴槽和轮毂槽两侧面的粗糙度参数 Ra 值推荐为 1.6~3.2 μm，底面的粗糙度参数 Ra 值为 6.3 μm。

（2）键槽的检测

1）尺寸检测

在单件、小批量生产中，键槽宽度和深度一般用游标卡尺、千分尺等通用量具测量；在成批、大量生产中，则可用量块或极限量规（见图5-27）检验。

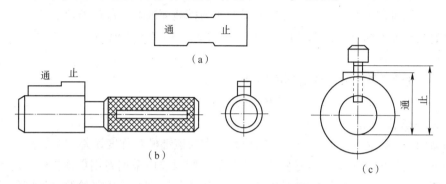

图5-27 键槽尺寸检测的极限量规

（a）键槽宽极限尺寸量规；（b）轮毂槽深极限尺寸量规；（c）轴槽深极限尺寸量规

2）对称度误差测量

当对称度公差遵守独立原则，且为单件、小批生产时用通用量仪测量，常用的方法如图5-28所示。工件1的被测键槽中心平面和基准轴线用定位块（或量块）2和V形架3模拟体现。先转动V形架上的工件，以调整定位块的位置，使其沿径向与平板4平行；然后用指示表在键槽的一端截面（如图中的A-A截面）内测量定位块表面P到平板的距离h_{AP}。将工件翻转180°，重复上述步骤，测得定位块表面Q到平板的距离h_{AQ}，P、Q两面对应点的读数差为$a=h_{AP}-h_{AQ}$，则该截面的对称度误差为

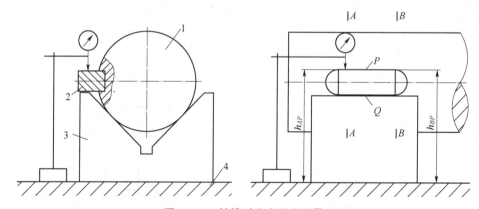

图5-28 轴槽对称度误差测量

1—工件；2—定位块；3—V形架；4—平板

$$f_1 = \frac{a\dfrac{t_1}{2}}{\dfrac{d}{2}-\dfrac{t_1}{2}} = \frac{at_1}{d-t_1} \tag{5-17}$$

式中，f_1——被测截面的对称度误差；

  a——P、Q 两面对应点的读数差；

  d——轴的直径；

  t_1——键槽的深度。

必要时可测量若干个截面，取其最大误差作为横截面的对称度误差值。

再沿键的长度方向测量，在长度方向上 A、B 两点的最大差值为

$$f_2 = \left| h_{AP} - h_{BP} \right| \tag{5-18}$$

式中，f_2——键槽沿长度方向的对称度误差；

  h_{AP}——A 点处定位块表面 P 到平板的距离；

  h_{BP}——B 点处定位块表面 P 到平板的距离。

取横截面（f_1）和长度方向（f_2）的最大值作为该键槽对称度误差。

在成批、大量生产中或对称度公差采用相关原则时，应采用专用量规检验。图 5-29 和图 5-30 所示分别为轮毂槽和轴槽对称度公差采用相关原则时，用于检验对称度的量规。检验对称度的量规只有通规，只要能通过，就表示对称度合格。

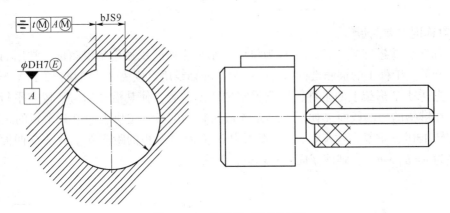

图 5-29　轮毂槽对称度量规

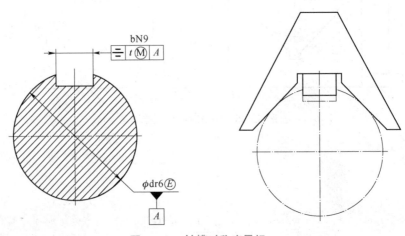

图 5-30　轴槽对称度量规

【例5-5】 某减速器输出轴和齿轮间采用普通平键连接，已知轴和齿轮孔的配合尺寸是 $\phi28$ mm，确定键槽（轴槽和轮毂槽）的剖面尺寸及其公差带、相应的形位公差和各个表面的粗糙度参数值，并把它们标注在剖面图中。

【解】 由基本尺寸 $\phi28$ 查表5-26得键：$b=8$ mm，$h=7$ mm。较松键连接：轴槽宽8H9，轮毂槽宽8D10，轴槽深 $t=4.0$ mm，轮毂槽深 $t_1=3.3$ mm。键槽侧面表面粗糙度为 $Ra3.2$ μm，键槽底面表面粗糙度为 $Ra6.3$ μm，轴表面粗糙度为 $Ra0.8$ μm，轮毂孔表面粗糙度为 $Ra1.6$ μm。对称度公差选9级，为0.03 mm（查表3-12，基本尺寸为8 mm）。

轴槽及轮毂槽剖面尺寸标注如图5-31所示。

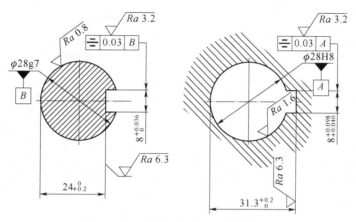

图5-31　键槽尺寸和公差的标注

2. 花键连接的互换性

（1）矩形花键连接的主要参数与定心方式

1）矩形花键连接的主要参数

花键连接是由内花键（花键孔）和外花键（花键轴）两个零件组成的，与单键连接相比，花键连接有定心精度高、导向精度高、承载能力强等优点。花键连接可用作固定连接，也可用作滑动连接。花键连接按其截面形状的不同，可分为矩形花键、渐开线花键、三角形花键等几种，其中矩形花键应用最广。

国家标准GB/T 1144-2001规定了矩形花键的基本尺寸大径 D、小径 d、键宽（键槽宽）B，如图5-32所示。

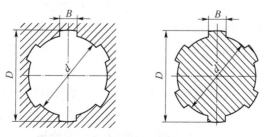

图5-32　矩形花键的主要尺寸

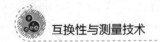

为了便于加工和测量，键数规定为偶数，分别为 6、8、10 三种。按承载能力，矩形花键分为轻系列、中系列两个系列。轻系列的键高尺寸较小，承载能力低；中系列的键高尺寸较大，承载能力强。矩形花键的基本尺寸系列见表 5-28。

表 5-28　矩形花键的基本尺寸系列　　　　　　　　　mm

d	轻系列				中系列			
	标记	N	D	B	标记	N	D	B
23	6×23×26	6	26	6	6×23×28	6	28	6
26	6×26×30	6	30	6	6×26×32	6	32	6
28	6×28×32	6	32	7	6×28×34	6	34	7
32	8×32×36	8	36	6	8×32×38	8	38	6
36	8×36×40	8	40	7	8×36×42	8	42	7
42	8×42×46	8	46	8	8×42×48	8	48	8
46	8×46×50	8	50	9	8×46×54	8	54	9
52	8×52×58	8	58	10	8×52×60	8	60	10
56	8×56×62	8	62	10	8×56×65	8	65	10
62	8×62×67	8	67	12	8×62×72	8	72	12
72	10×72×78	10	78	12	10×72×82	10	82	12

2）矩形花键连接的定心方式

矩形花键主要尺寸的公差与配合是根据花键连接的使用要求规定的。花键连接的使用要求包括：内、外花键的同轴度，键侧面与键槽侧面接触均匀性，装配后是否要做轴向运动，强度和耐磨性要求等。

矩形花键连接的使用要求和互换性是由内、外花键的大径 D、小径 d、键宽（键槽宽）B 三个主要尺寸的配合精度来保证的，但是若要求三个尺寸同时配合得很精确相当困难。它们的配合性质不但受尺寸精度的影响，还会受到形位误差的影响。为了既满足花键连接的配合精度，又要避免制造困难，花键三个接合面中只能选择一个接合面作为主接合面，对其尺寸规定较高的精度作为主要配合尺寸，以确定内、外花键的配合性质，并起定心作用，则该表面称为定心表面，而其余两个接合面则作为次要配合面。理论上每个接合面都可以作为定心表面，因此，花键连接有三种定心方式：大径定心、小径定心和键侧定心。图 5-33 所示为花键连接的三种定心方式。

GB/T 1144—2001 中规定矩形花键采用小径定心，即对小径 d 选用公差等级较高的小间隙配合。大径 D 为非定心尺寸，公差等级较低，而且要有足够大的间隙，以保证它们不接触。键和键槽侧面虽然也是非定心接合面，但因为它们要传递转矩和起导向作用，所以它们的配合应具有足够的精度。

小径定心有一系列优点。采用小径定心时，热处理后的变形可用内圆磨修复，而且内

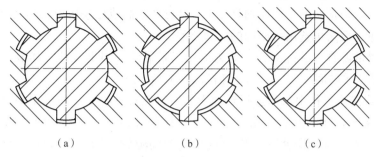

图 5 - 33　花键连接的三种定心方式

(a) 小径定心；(b) 大径定心；(c) 键侧定心

圆磨可达到更高的尺寸精度和更小的表面粗糙度要求。同时，外花键小径精度可用成形磨削保证。所以小径定心精度高，定心稳定性好，而且使用寿命长，更有利于产品质量的提高。

(2) 矩形花键结合的公差与配合

1) 矩形花键的尺寸公差

通常内、外花键定心小径、非定心大径和键宽（键槽宽）的尺寸公差带分一般用和精密传动用两类，其内、外花键的尺寸公差带见表 5 - 29。为减少专用刀具和量具的数量（如拉刀和量规），花键连接采用基孔制配合。

表 5 - 29　矩形花键的尺寸公差带

内花键				外花键			装配形式
d	D	B		d	D	B	
		拉削后不热处理	拉削后热处理				
一般用							
H7	H10	H9	H11	f7	d10		滑动
				g7	a11	f9	紧滑动
				h7		h10	固定
精密传动用							
H5	H10	H7, H9		f5	d8		滑动
				g5		f7	紧滑动
				h5		h8	固定
H6				f6	a11	d8	滑动
				g6		f7	紧滑动
				h6		h8	固定

注：1. 精密传动用的内花键，当需要控制键侧配合间隙时，槽宽可选用 H7，一般情况可选用 H9。

　　2. 当内花键公差带为 H6 和 H7 时，允许与提高一级的外花键配合。

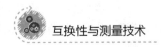

2）矩形花键公差与配合的选择

花键尺寸公差带选用的一般原则是：定心精度要求高或传递扭矩大时，应选用精密传动用的尺寸公差带，反之可选用一般用的尺寸公差带。

内、外花键的配合（装配形式）分为滑动、紧滑动和固定三种。其中，滑动连接的间隙较大，紧滑动连接的间隙次之，固定连接的间隙最小。

当内、外花键在工作中只传递扭矩而无相对轴向移动时，一般选用配合间隙最小的固定连接。除传递扭矩外，内、外花键之间还要有相对轴向移动时，应选用滑动或紧滑动连接；若移动频繁，移动距离长，则应选用配合间隙较大的滑动连接，以保证运动灵活及配合面间有足够的润滑油层。为保证定心精度要求，或为使工作表面载荷分布均匀及减少反向所产生的空程和冲击，对定心精度要求高、传递的扭矩大、运转中需经常反转等的连接，则应用配合间隙较小的紧滑动连接。表 5 - 30 列出了几种配合应用情况的推荐，可供设计时参考。

表 5 - 30　矩形花键配合应用的推荐

应用	固定连接		滑动连接	
	配合	特征及应用	配合	特征及应用
精密传动用	H5/h5	紧固程度较高，可传递大转矩	H5/g5	可滑动程度较低，定心精度高，传递转矩大
	H6/h6	传递中等转矩	H6/f6	可滑动程度中等，定心精度较高，传递中等转矩
一般用	H7/h7	紧固程度较低，传递转矩较小，可经常拆卸	H7/f7	移动频率高，移动长度大，定心精度要求不高

3）矩形花键的形位公差和表面粗糙度

内、外花键的小径 d 是花键连接中的定心尺寸，要保证花键的配合性能，其定心表面的形状公差和尺寸公差的关系遵守包容要求，即当小径 d 的实际尺寸处于最大实体状态时，它必须具有理想形状。只有当小径 d 的实际尺寸偏离最大实体状态时，才允许有形状误差。

内、外花键加工时，不可避免地会产生形位误差。为在花键连接中避免装配困难，并使键侧和键槽侧受力均匀，国家标准对矩形花键规定了形位公差，包括小径 d 的形状公差和花键的位置度公差等。当花键较长时，还可根据产品性能自行规定键侧对轴线的平行度公差。

花键的位置度公差遵守最大实体要求。花键的位置度公差综合控制花键各键之间的角位移、各键对轴线的对称度误差以及各键对轴线的平行度误差等。在大批量生产条件下，一般用花键综合量规检验。因此，位置度公差遵守最大实体要求，其图样标注如图 5 - 34 所示。

键与键槽的对称度公差遵守独立原则。为了保证内、外花键装配，并能传递扭矩或运动，一般应使用综合花键量规检验，控制其形位误差。但当在单件小批量生产条件下，或当

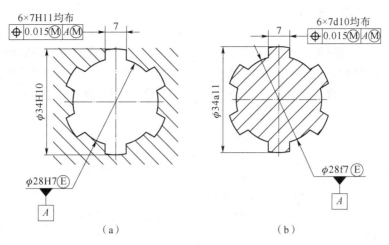

图 5 - 34　花键位置度公差的标注

（a）内花键；（b）外花键

产品试制时，没有综合量规，为了控制花键的形位误差，一般在图样上分别规定花键的对称度和等分度公差。其对称度公差在图样上的标注如图 5 - 35 所示。矩形花键接合面的表面粗糙度要求见表 5 - 31。

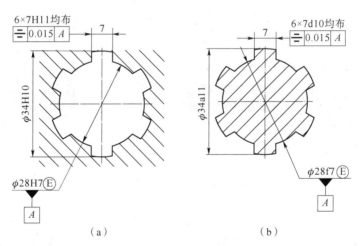

图 5 - 35　花键对称度公差的标注

（a）内花键；（b）外花键

表 5 - 31　矩形花键的表面粗糙度推荐值　　　　　　　　μm

加工表面	内花键	外花键
	Ra（≤）	
小径	1.6	0.8
大径	6.3	3.2
键侧	6.3	1.6

（3）矩形花键的标注及测量

1）花键的标注

国家标准规定，图样上矩形花键的配合代号和尺寸公差带代号应按花键规格所规定的次序标注，依次包括键数 N、小径 d、大径 D、键宽 B 以及基本尺寸的公差带代号。

例如：矩形花键数 N 为 10，小径 d 为 72H7/f7，大径 D 为 78H10/a11，键宽 B 为 12H11/d10 的标记。

花键规格：　　　　　　　　　$N×d×D×B$，即 10×72×78×12

花键副：　　　　$10×72\dfrac{H7}{f7}×78\dfrac{H10}{a11}×12\dfrac{H10}{d10}$（GB/T 1144—2001）

外花键：　　　　　10×72H7×78H10×12H11（GB/T 1144—2001）

　　　　　　　　　10×72f7×78a11×12d10（GB/T 1144—2001）

2）花键的测量

花键的测量分为单项测量和综合检验。

对于单件小批量生产，采用单项测量。测量时，花键的尺寸和位置误差使用千分尺、游标卡尺、指示表等常用计量器具分别测量。

对于大批量生产，先用花键位置量规（塞规或环规）同时检验花键的小径、大径、键宽、大、小径的同轴度误差，以及各键（键槽）的位置度误差等。若位置量规能自由通过，则说明花键是合格的。用位置量规检验合格后，再用单项止端塞规或普通计量器具检验其小径、大径及键槽宽的实际尺寸是否超越其最小实体尺寸。矩形花键位置量规如图 5-36 所示。矩形花键量规分综合通规和单项止规，其具体规定见 GB/T 1144—2001。

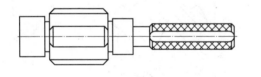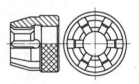

（a）　　　　　　　　　　　　　　　　　　　　　（b）

图 5-36　矩形花键位置量规

（a）花键塞规；（b）花键环规

【例 5-6】某机床变速箱中一滑移齿轮与花键轴的连接，已知花键的规格为 6 mm×28 mm×34 mm×7 mm，花键孔长 30 mm，花键轴长 75 mm，齿轮花键孔相对于花键轴需经常移动，且定心精度要求高。确定：

①齿轮花键孔和花键轴各主要尺寸的公差带代号。

②确定齿轮花键孔和花键轴相应的位置公差及各主要表面的表面粗糙度值。

③将上述的各项要求标注在内、外花键的剖面图上。

【解】因齿轮花键孔相对于花键轴需经常移动，且定心精度要求高，故选滑动连接。查表 5-29 得：小径 d 的配合为 28H7/f7，大径 D 的配合为 34H10/a11，键宽 B 为 7H11/d10。内外花键的位置度公差为 0.015 mm。内花键小径的表面粗糙度为 $Ra1.6$ μm，大径的表面粗糙度为 $Ra6.3$ μm，键侧的表面粗糙度为 $Ra6.3$ μm。外花键小径的表面粗糙度为 $Ra0.8$ μm，大径的表面粗糙度为 $Ra3.2$ μm，键侧的表面粗糙度为 $Ra1.6$ μm。

内、外花键的剖面尺寸标注如图 5-37 所示。

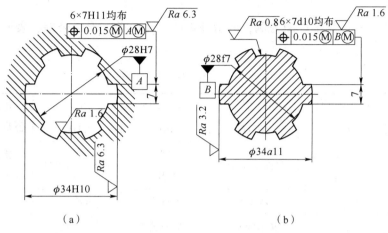

（a）　　　　　　　　　　　　　　　（b）

图 5-37　花键尺寸和公差的标注
（a）内花键；（b）外花键

5.3　项目实施

分析如图 5-1 所示渐开线圆柱齿轮零件的公差配合要求并检测相关项目。

分析齿轮零件图的步骤：

（1）分析图样上标注的一般尺寸数据

①齿顶圆直径及其公差。

②分度圆直径。

③齿宽。

④孔或轴径及其公差。

⑤定位面及其要求。

⑥齿轮表面粗糙度。

（2）分析参数表中列出的数据

①模数。

②齿数。

③齿形角。

④齿顶高系数。

⑤螺旋角。

⑥螺旋方向。

⑦径向变位系数。

⑧齿厚公差值及其上、下偏差。

⑨精度等级。

⑩齿轮副中心距及其极限偏差。

⑪配对齿轮的图号及其齿数。

⑫检验项目的代号及其公差（或极限偏差）值。

5.3.1 齿轮尺寸公差、形位公差、表面粗糙度分析

以图 5-1 所示齿轮零件图为例，分析该齿轮尺寸公差、形位公差、表面粗糙度要求，见表 5-32。

表 5-32 齿轮零件公差配合要求分析

尺寸公差/mm	$\phi90\pm\phi0.11$	$\phi35^{+0.025}_{0}$	10 ± 0.018	$38^{+0.2}_{0}$	其余尺寸为未注公差尺寸
公差代号	$\phi90js11$	$\phi35H7$	10H9	38H12	
形位公差/mm	径向圆跳动 0.018	对称度 0.015	端面圆跳动 0.018	圆柱度 0.003	其余形位公差为未注形位公差
表面粗糙度/μm	$Ra1.25$	$Ra2.5$	$Ra3.2$	$Ra6.3$	$Ra12.5$
齿轮公差/mm	齿距累积公差 $F_P=0.038$	齿圈径向跳动公差 $F_r=0.030$	齿廓总公差 $F_\alpha=0.016$	螺旋线总公差 $F_\beta=0.017$	公法线长度偏差 $32.17^{-0.072}_{-0.135}$
尺寸公差与形位公差相关性要求	$\phi35H7$ 内孔采用包容要求				

5.3.2 渐开线圆柱齿轮的检测

以图 5-1 所示齿轮零件图为例，结合被测工件的外形、被测量位置、尺寸的大小和公差等级、生产类型、具体检测条件等因素，确定测量方案，并测量该零件。

1. 尺寸检测

（1）$\phi90\pm\phi0.11$ 齿顶圆尺寸的检测

可用分度值为 0.02 mm 的游标卡尺测量，测量结果与其值比较，做出合格性的判断。

（2）$\phi35^{+0.025}_{0}$ 内孔尺寸的检测

可用专用塞规检验内孔的合格性。

（3）键槽尺寸的检测

可用外径千分尺测量键槽的深度尺寸，测量结果与 $38^{+0.2}_{0}$ mm 比较，做出合格性的判断。可用内测千分尺测量键槽的宽度尺寸，测量结果与 10 mm±0.018 mm 比较，做出合格性的判断。

2. 形位误差检测

（1）径向圆跳动和端面圆跳动的测量

可用偏摆检查仪与千分表测量径向圆跳动和端面圆跳动误差，测量结果分别与径向圆跳动公差 0.018 mm、端面圆跳动公差 0.018 mm 比较，做出合格性的判断。

（2）对称度测量

可用千分表在检验平台上测量键槽的对称度误差，测量结果与对称度公差 0.015 mm 比较，做出合格性的判断。

（3）圆柱度测量

可在圆度仪上测量内孔的圆柱度误差，测量结果与圆柱度公差 0.003 mm 比较，做出合格性的判断。

3. 表面粗糙度检测

（1）$Ra1.25$、$Ra2.5$、$Ra3.2$

用表面粗糙度测量仪检测，测量结果与其值比较，做出合格性的判断。

（2）$Ra6.3$、$Ra12.5$

用标准样板通过比较做出合格性的判断。

可用粗糙度对比块检测该齿轮零件的表面粗糙度，做出合格性的判断。

4. 齿轮公差检测

按图样上给出的检验项目进行齿轮精度测量。该齿轮检验项目为 F_P、F_r、F_α、F_β，公差值见图 5-1，检验过程如下。

（1）齿距累积偏差 F_P 的测量（见表 5-33）

表 5-33 齿距累积偏差 F_P 的测量

测量设备	齿轮齿距检查仪
测量目的	（1）掌握用相对法测量齿距累积总偏差及其测量结果的处理； （2）进一步理解齿距累积总偏差意义及其对传递运动准确性的影响
测量步骤	如图 5-38 所示： （1）将仪器安装在检验平台上。根据被测齿轮的模数，调整固定量爪 1 的位置。松开固定量爪的紧固螺钉，使固定量爪上的刻线对准壳体上的刻度，对好后拧紧紧固螺钉。 （2）使固定量爪 1 和活动量爪 2 在被测齿轮的分度圆上与两相邻轮齿接触，同时使定位支脚 3 和 4 都与齿顶圆接触，使指示表有一定的压缩量，对好后用 4 个螺钉将定位杆固定。 （3）手扶齿轮，使定位支脚 3 和 4 与齿顶圆紧密接触，并使固定量爪 1 和活动量爪 2 与被测齿面接触，使指示表的指针对准零位。 （4）对齿轮逐齿进行测量，量出各实际齿距对测量基准的偏差，将所测得的数据逐一记录。 （5）将测得的数据进行数据处理，与图 5-1 中的齿距累积公差 $F_P = 0.038$ 比较，做出合格性的判断 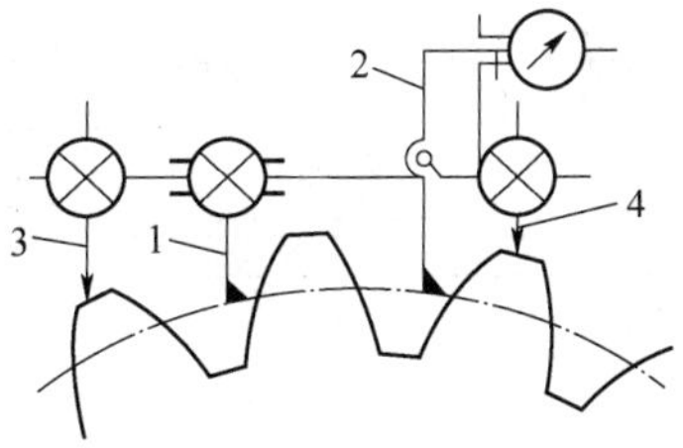 图 5-38 相对法测量齿距累积偏差示意图 1—固定量爪；2—活动量爪；3，4—定位支脚

（2）径向跳动 F_r 的测量（见表 5－34）

表 5－34　径向跳动 F_r 的测量

测量设备	齿轮径向跳动检查仪
测量目的	（1）掌握齿轮径向跳动的测量原理和测量方法； （2）进一步理解齿轮径向跳动的意义
测量步骤	如图 5－39 和图 5－40 所示： （1）将被测齿轮安装在仪器上，松紧合适，即轴向不能窜动，转动自如。 （2）根据被测齿轮的模数，选择合适的测头，把它安装在指示表 6 的测杆上。把被测齿轮 9 安装在心轴 5 上，然后把心轴安装在两个顶尖 10 之间。松开滑台的锁紧螺钉，转动手轮 2 使滑台移动，使测头大概位于齿宽中间，锁紧螺钉。 （3）调整量仪指示表示值零位。放下指示表提升手柄 7，松开指示表架锁紧螺钉 11，转动升降螺母 12，使测头随表架下降到与齿槽双面接触，把指示表 6 的指针压缩 1~2 转，然后锁紧指示表架。转动指示表的表盘，使表盘的零刻线对准指示表的指针，确定指示表的示值零位。 （4）抬起指示表提升手柄 7，把被测齿轮转过一个齿槽，放下指示表提升手柄 7，使测头进入齿槽内，与该齿槽双面接触，并记录指示表的示值，依次记录其余的齿槽。再回转一圈后，指示表的"原点"应该不变。 （5）以指示表读数为纵坐标，绘出一个封闭的误差曲线，如图 5－40 所示，曲线最高点与最低点沿纵坐标方向的距离为齿轮径向跳动。 （6）将测得的偏差值与图 5－1 圆柱齿轮的径向跳动公差 $F_r = 0.030$ 相比较，做出合格性的判断 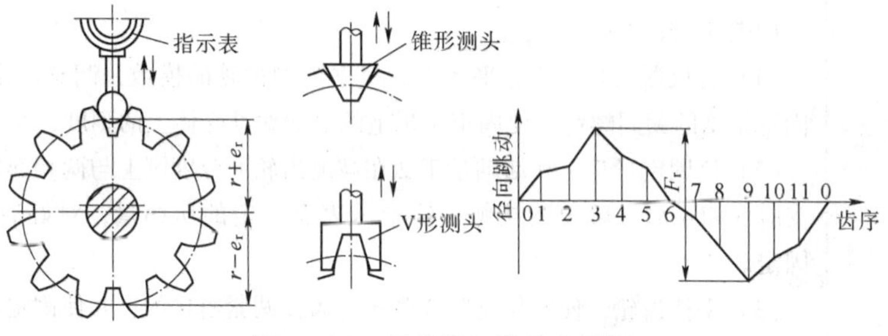 图 5－39　齿轮径向跳动的测量 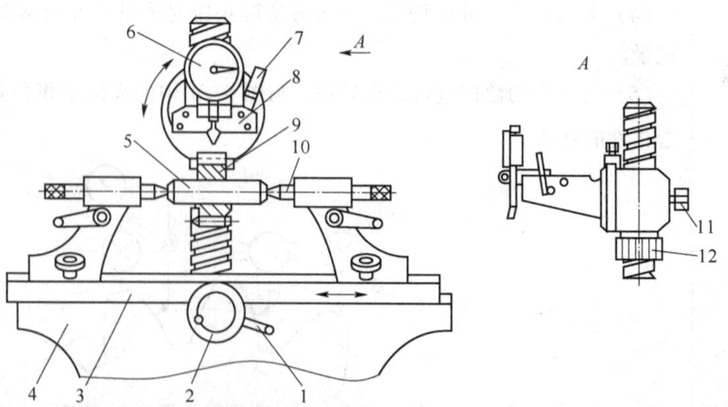 图 5－40　齿轮径向跳动检查仪 1—手柄；2—手轮；3—滑台；4—底座；5—心轴；6—指示表；7—提升手柄； 8—支臂；9—被测齿轮；10—顶尖；11—锁紧螺钉；12—升降螺母

（3）齿廓总偏差 F_α 的测量（见表5-35）

表5-35 齿廓总偏差 F_α 的测量

测量设备	单盘式渐开线检查仪
测量目的	（1）从齿轮渐开线的形成原理，了解单盘式渐开线检查仪的结构原理和使用方法； （2）了解齿廓总偏差对齿轮精度的影响
测量步骤	如图5-41所示： （1）按被测齿轮的精度和参数，选用基圆盘。 （2）调整仪器的零位，要求仪器的测头与被测齿面接触点落在直尺3和基圆盘1滚动的切点上，将指示表7调整到零位。 （3）用手轮将纵向滑板中心指示线与底座中心指示线对准，用横向手轮移出托板后，将被测齿轮装上。 （4）旋转横向手轮移出托板，使直尺与基圆盘压紧，旋转纵向手轮，用手转动齿轮，使被测齿廓与测量头接触，并令指示表的大小指针位置与仪器调整时测量头的位置一致。 （5）转动纵向手轮，每展开2°记一个读数，一直测到测点展开角为止，取整个展开角范围内最大读数与最小读数的代数差为该齿轮的齿形误差。 （6）根据记录的结果进行数据处理，与图5-1圆柱齿轮的齿廓总公差 $F_\alpha = 0.016$ 比较，做出合格性判断 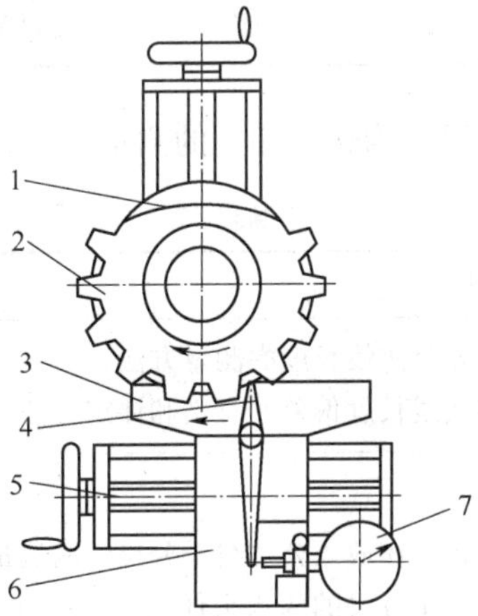 图 5-41 单盘式渐开线测量仪 1—基圆盘；2—被测齿轮；3—直尺；4—杠杆；5—丝杠；6—拖板；7—指示表

（4）螺旋线总偏差 F_β 的测量（见表5-36）

表5-36 螺旋线总偏差 F_β 的测量

测量设备	偏摆检查仪
测量目的	（1）了解影响齿轮接触精度的参数及其检验方法； （2）掌握直齿圆柱齿轮螺旋线总偏差 F_β 的测量方法
测量步骤	如图5-42所示： （1）将被测齿轮套在心轴上，顶在两个顶尖间。 （2）按被测齿轮的模数选择圆柱，放入齿间，圆柱直径应使其在分度圆附近接触，一

续表

测量步骤	般取 $d=1.68m_n$（mm）。 （3）将指示表架置于工作台上，令表头与标准圆柱两端接触，再前后移动表架，以得到最高点的读数值，如图 5-42 中的 Ⅰ、Ⅱ 位置，分别记下指示表的读数 α_1 和 α_2。 （4）量出两个测点 Ⅰ 与 Ⅱ 之间的距离 L 和齿宽 b，按照 $\Delta F_{\beta 1} = \left| \alpha_1 + \alpha_2 \right| \dfrac{b}{L}$ 计算出垂直方向的螺旋线总偏差。 （5）将被测齿轮旋转 90°，同理可以测出同一齿轮另一个水平方向的螺旋线总偏差 $\Delta F_{\beta 2}$，$\Delta F_{\beta 1}$、$\Delta F_{\beta 2}$ 值均不应该超过规定的螺旋线总偏差 ΔF_{β}。 （6）测量结束，整理数据，与图 5-1 圆柱齿轮的螺旋线总公差 $F_{\beta} = 0.017$ 比较，做出合格性判断 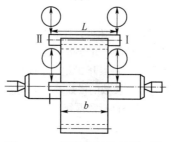 图 5-42 螺旋线总偏差的测量

（5）齿厚偏差或公法线平均长度偏差的测量（见表 5-37）

表 5-37 齿厚偏差或公法线平均长度偏差的测量

测量设备	公法线千分尺
测量目的	（1）掌握齿轮公法线长度的测量方法； （2）了解公法线长度偏差的意义和评定方法。
测量步骤	如图 5-43 所示： （1）将标准校对棒放入公法线千分尺的两测量面之间校对"零"位，记下校对格数。 （2）将公法线千分尺的两测头伸入齿槽中并夹住两异侧齿廓，测出公法线长度的实际长度。 （3）沿齿轮一周逐齿测定各个实际公法线长度，根据测得数据计算公法线平均长度偏差。 （4）整理测量数据，与图 5-1 圆柱齿轮公法线长度极限偏差 $W_k = 32.17_{-0.135}^{-0.072}$ 进行比较，做出合格性判断 图 5-43 公法线千分尺测量公法线长度偏差

5.4 项目拓展

分析如图 5-44 所示小齿轮零件的尺寸公差、形位公差、表面粗糙度要求，确定测量方案，并测量该零件。

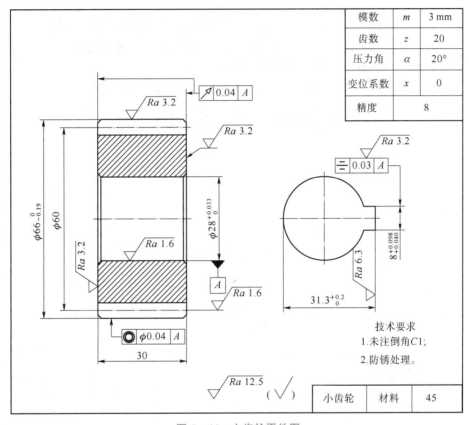

模数	m	3 mm
齿数	z	20
压力角	α	20°
变位系数	x	0
精度		8

技术要求
1. 未注倒角C1；
2. 防锈处理。

小齿轮	材料	45

图 5-44 小齿轮零件图

每课寄语

同学们：在机械产品设计制造过程中要严格遵循相关标准，才能有效保证产品质量。同学们在生活中要修身律己、崇德向善、礼让宽容，做优秀的大学生，做爱国守法的好公民。

思考与习题 5

5-1 齿轮传动的使用要求有哪些？

5-2 滚齿加工中，造成齿轮周期性误差的原因有哪些？

5-3 单个齿轮评定有哪些评定指标？

5-4 齿轮传动中的侧隙有什么作用？用什么评定指标控制侧隙？

5-5 齿轮副精度评定的指标有哪些？

5-6 齿坯精度主要有哪些项目？

5-7 某普通机床的主轴箱中有一对直齿圆柱齿轮，已知：$z_1 = 20$，$z_2 = 48$，$m = 2.75$ mm，两轴承中间距离 L 为 80 mm，$n = 900$ r/min。齿轮材料采用 45 号钢，内孔直径为 $\phi 30$ mm。对小齿轮进行精度设计，并将设计所确定的各项技术要求标注在齿轮工作图上。

5-8 平键连接的配合种类有哪些？它们各用于什么场合？

5-9 平键连接中，键与键槽宽的配合采用的是什么基准制？为什么？

5-10 矩形花键连接的主要尺寸是什么？矩形花键的键数规定为哪三种？

5-11 什么是矩形花键的定心方式？国标为什么规定只采用小径定心？

5-12 花键的检测分为哪两种？各用于什么场合？

5-13 试说明下列花键标注的含义，确定其内、外花键的极限尺寸。

$$6 \times 23 \frac{H6}{g6} \times 30 \frac{H10}{a11} \times 6 \frac{H11}{f9} \text{GB/T 1144—2001}$$

综合扩展项目

零件公差配合分析与检测综合能力拓展与提高。

 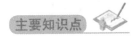

1. 轴套零件公差配合分析与检测；
2. 涡轮箱零件公差配合分析与检测。

6.1 轴套零件公差配合分析与检测

套筒类零件是机械加工中常见的零件，主要起支承或导向作用。图 6-1 所示为某轴套的零件图。

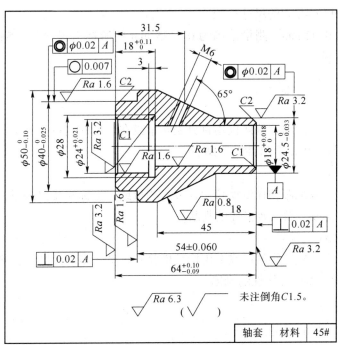

图 6-1　轴套零件图

6.1.1 轴套尺寸公差、形位公差、表面粗糙度分析

以图 6-1 轴套零件图为例，分析该轴套尺寸公差、形位公差和表面粗糙度要求，见表 6-1。

表 6-1 轴套零件公差配合要求分析

尺寸公差/mm	$\phi 18^{+0.018}_{0}$	$\phi 24^{+0.021}_{0}$	$\phi 24.5^{0}_{-0.033}$	$\phi 40^{0}_{-0.025}$	$\phi 50^{0}_{-0.10}$	54 ± 0.060	$64^{+0.10}_{-0.09}$
公差代号	$\phi 18$H7	$\phi 24$H7	$\phi 24.5$h8	$\phi 40$h7	$\phi 50$h10	54js10	64g11
形位公差/mm	同轴度 $\phi 0.02$			垂直度 0.02		圆度 0.007	
表面粗糙度/μm	$Ra1.6$	$Ra3.2$		$Ra6.3$		$Ra12.5$	
尺寸公差与形位相关性要求	独立原则						

6.1.2 轴套尺寸、形位误差、表面粗糙度检测

1. 尺寸检测

（1）$\phi 18^{+0.018}_{0}$、$\phi 24^{+0.021}_{0}$ 内孔尺寸的检测

可用量块、千分尺、组装内径量表测量，测量结果与其值比较，做出合格性的判断。

（2）$\phi 24.5^{0}_{-0.033}$、$\phi 40^{0}_{-0.025}$ 外圆尺寸的检测

可用量块、千分尺或立式光学比较仪测量，测量结果与其值比较，做出合格性的判断。

（3）$\phi 50^{0}_{-0.10}$ 外圆尺寸的检测

可用千分尺测量，测量结果与其值比较，做出合格性的判断。

（4）54 ± 0.060、$64^{+0.10}_{-0.09}$ 的尺寸检测

可用分度值为 0.02 mm、测量范围为 0~125 mm 的游标卡尺测量，测量结果与其值比较，做出合格性的判断。

2. 形位误差检测

（1）圆度测量

用圆度仪检验或配芯轴在偏摆仪用百分表测量或在三坐标测量仪测量，测量结果与圆度公差 0.007 mm 比较，做出合格性的判断。

（2）同轴度测量

用专用检具检验或配芯轴在偏摆仪用百分表测量或三坐标测量仪测量，测量结果与同轴度公差 $\phi 0.02$ mm 比较，做出合格性的判断。

（3）垂直度检测

用心轴、百分表、V 形块测量或专用检具检验或三坐标测量仪测量，测量结果与垂直度公差 0.02 mm 比较，做出合格性的判断。

3. 表面粗糙度检测

（1）$Ra0.8$、$Ra1.6$、$Ra3.2$

用表面粗糙度测量仪检验，测量结果与其值比较，做出合格性的判断。

（2）*Ra*6.3

用标准样板通过比较做出合格性的判断。

6.2 涡轮箱零件公差配合分析与检测

箱体零件的主要结构是由薄壁围成的不同形状的空腔，空腔壁上有不同方向的孔，以达到容纳和支撑的作用。图 6-2 所示为涡轮箱零件图。

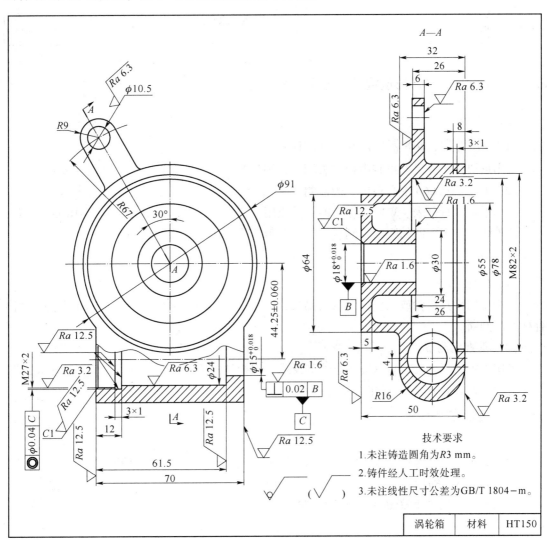

图 6-2 涡轮箱零件图

6.2.1 涡轮箱尺寸公差、形位公差、表面粗糙度分析

以图 6-2 所示涡轮箱零件图为例，分析该涡轮箱尺寸公差、形位公差、表面粗糙度要求，见表 6-2。

表 6-2　涡轮箱零件公差配合要求分析

尺寸公差/mm	$\phi 15^{+0.018}_{0}$	$\phi 18^{+0.018}_{0}$	44.25±0.060	M27×2：公称直径为 27 mm，螺距为 2 mm 的细牙内螺纹	M82×2：公称直径为 82 mm，螺距为 2 mm 的细牙内螺纹
公差代号	$\phi 15H7$	$\phi 18H7$	44.25js10		
形位公差/mm	同轴度 $\phi 0.04$			垂直度 0.02	
表面粗糙度/μm	$Ra1.6$	$Ra3.2$	$Ra6.3$	$Ra12.5$	—
尺寸公差与形位相关性要求	独立原则				

6.2.2　涡轮箱尺寸、形位误差、表面粗糙度检测

1. 尺寸检测

（1）$\phi 15^{+0.018}_{0}$、$\phi 18^{+0.018}_{0}$ 内孔尺寸的检测

可用量块、千分尺、组装内径量表测量，测量结果与其值比较，做出合格性的判断。

（2）44.25±0.060 中心距尺寸的检测

可用平板、百分表、V 形块、心轴测量或用三坐标测量仪测量 $\phi 15$ mm、$\phi 18$ mm 的孔，计算两轴线在给定方向的距离，测量结果与其值比较，做出合格性的判断。

2. 形位误差检测

（1）同轴度测量

可用专用检具检验或三坐标测量仪测量，测量结果与同轴度公差 $\phi 0.04$ mm 比较，做出合格性的判断。

（2）垂直度测量

可用平板、百分表、V 形块、心轴测量或专用检具检验或三坐标测量仪测量，测量结果与垂直度公差 0.02 比较，做出合格性的判断。

3. 表面粗糙度检测

（1）$Ra1.6$、$Ra3.2$

用表面粗糙度测量仪检验，测量结果与其值比较，做出合格性的判断。

（2）$Ra6.3$、$Ra12.5$

用标准样板通过比较做出合格性的判断。

每课寄语

同学们：测量的方法和量具仪器有多种多样，具体要根据零件的结构尺寸、精度要求和生产批量，选择既能保证测量精度又比较经济的仪器和检具，制定合理的测量方案，完成零件的各项测量。要科学、严谨、一丝不苟，杜绝"误判"，以免造成经济损失。

参 考 文 献

[1] 王伯平. 互换性与测量技术基础［M］. 北京：机械工业出版社，2000.

[2] 汪恺. 机械工业基础标准应用手册［M］. 北京：机械工业出版社，2001.

[3] 景旭文. 互换性与测量技术基础［M］. 北京：中国标准出版社，2002.

[4] 张玉，刘平. 几何量公差与测量技术［M］. 沈阳：东北大学出版社，2003.

[5] 刘越. 公差配合与技术测量［M］. 北京：化学工业出版社，2004.

[6] 韩进宏. 公差配合与技术测量［M］. 北京：机械工业出版社，2004.

[7] 黄云清. 公差配合与测量技术［M］. 北京：机械工业出版社，2004.

[8] 邹吉权. 公差配合与测量技术［M］. 重庆：重庆大学出版社，2004.

[9] 陈于萍. 互换性与测量技术［M］. 2 版 北京：高等教育出版社，2005.

[10] 周文玲. 互换性与技术测量［M］. 北京：机械工业出版社，2005.

[11] 胡凤兰. 互换性与技术测量基础［M］. 北京：高等教育出版社，2005.

[12] 杨好学. 互换性与技术测量［M］. 西安：西安电子科技大学出版社，2006.

[13] 张武荣，马丽霞. 公差配合与测量技术［M］. 北京：北京大学出版社，2006.

[14] 邢闽芳. 互换性与技术测量［M］. 北京：清华大学出版社，2007.

[15] 刘华. 公差配合与测量技术［M］. 北京：人民邮电出版社，2007.

[16] 孔凌嘉. 简明机械设计手册［M］. 北京：北京理工大学出版社，2008.

[17] 徐茂功. 公差配合与测量技术［M］. 北京：机械工业出版社，2012.